Hrsg.
Michael Kresse
Markus Bause

PRINCE2® ALLES WAS MAN WISSEN MUSS

PRINCE2® LICENSED PRODUCT

SERVIEW
CONSULTING.
TRAINING.
DIFFERENT!

Autoren:

Oliver Imm 

Michael Weber 

Co-Autoren:

Katrin Alt

Gisela Böndgen

Sabine Handwerk

ISBN 978-3-9813151-9-6

1 . Auflage Februar 2015

IMPRESSUM

Medieninhaber, Herausgeber und Verleger: SERVIEW GmbH

Gartenstr. 23, 61352 Bad Homburg v.d.H., Deutschland

Tel.: +49(0)61 72/177 44-0

info@serview.de / www.serview.de

Konzeption und Gestaltung: SERVIEW GmbH

Druck: ABT Print und Medien GmbH

INHALTSVERZEICHNIS

VORWORT

In viel zu vielen Firmen wird Projektmanagement als reine Bürokratie für Aufgaben angesehen, die ohne den Papierkram viel schneller vorangetrieben werden könnten, alleine durch die Anwendung des gesunden Menschenverstands. Die Äußerung "Projektmanagement finde ich total gut und wichtig, sollten wir das nächste Mal auch machen, aber dieses Mal haben wir keine Zeit dafür" ist nicht erfunden, sondern stammt von einem Produktmanager, der die Verantwortung für ein Projekt mit einem sechsstelligen Umsatzvolumen trug – diese Äußerung ist typisch für viele Anhänger von falschem Pragmatismus: Man muss es einfach schaffen, weil nicht sein kann, was nicht sein darf. Und wenn der Projekterfolg, wie erwartet, nicht eintritt und stattdessen das Projekt wegen nicht behandelter Risiken gegen eine harte und finanziell schmerzhafte Wand gefahren ist, dann wird gleich nach Schuldigen gesucht. Da man selbst nicht schuld war, veranlasst die gemachte Erfahrung auch nicht dazu, das nächste Projekt weniger optimistisch anzugehen: Die gleichen Fehler werden noch einmal begangen.

Gutes Projektmanagement ist nicht gleich Bürokratie. Projektmanagement verhilft dazu, Projekte schneller und mit weniger Ressourcen durchzuführen. Projektmanagement führt dazu, dass Kunden und Kollegen zufriedener sind mit dem Produkt und auch mit der Arbeit selbst. Professionelles Projektmanagement ist eine unverzichtbare Kernkompetenz jeder Organisation.

In den meisten Organisationen wird viel zu viel über Projektmanagement geredet, anstatt es richtig zu machen. SERVIEW hat es sich zu einer seiner Aufgaben gemacht, PRINCE2 in unsere Kundenorganisationen zu tragen, um das zu ändern. Die wesentliche Stärke dieser Methodik liegt darin, dass sie weit mehr als nur eine Anleitung ist. Das Erfolgskonzept von PRINCE2 liegt in der Breitstellung eines methodischen und einfachen Ansatzes, welcher sich auf die wichtigsten Aspekte im Projektmanagement konzentriert. Konsequent angewendet, bildet es einen maßgeblichen Faktor für den zukünftigen Erfolg Ihrer Projekte.

Ich wünsche Ihnen viel Spaß beim Lesen und viel Erfolg in der Anwendung!

Markus Bause
Geschäftsführer, SERVIEW GmbH

Hinweis

Sie müssen Ihre Projekte unter hohem Zeit- und Kostendruck erfolgreich bearbeiten und abschließen? **OMNITRACKER Project Management Center** orientiert sich an **PRINCE2**, unterstützt Sie in allen Phasen des Projekts und erleichtert die effiziente Planung und Steuerung erheblich. OMNITRACKER Project Management Center deckt den gesamten Projektlebenszyklus von der Initiierung bis zum Abschluss ab. Sie können Project Management Center einfach mit anderen OMNITRACKER-Applikationen kombinieren und Informationen prozessübergreifend nutzen.

So können Sie beispielsweise Projektmanagement mit IT-Service-Management und Risk Management verbinden.

OMNITRACKER schafft die Basis zur individuellen Kombination verschiedener Prozesse auf einer leistungsfähigen Geschäftsprozess-Plattform.

OMNITRACKER ist

... flexibel

- universelle Standard – Geschäftsprozess - Plattform
- funktional beliebig erweiterbar und architekturell skalierbar bzgl. Mengengerüsten und Userzahlen
- unterschiedliche Nutzungsmodelle (Überlassung, Miete, pay per Use, SaaS)

... schnell

- in der Funktionalität einfach anpassbar und erweiterbar ohne Programmierung
- vielfach erprobtes, toolgestütztes Projektvorgehensmodell
- sofort nutzbare „out-of-the-box" Geschäftsprozesse

... fair

- vollständiger Wissenstransfer zum Kunden
- zugesicherter Kundeneinfluss auf Produktentwicklung
- vertraglich zugesicherte Release Kompatibilität

www.omninet.de

**Mit Handy scannen
und mehr erfahren**

01

EINLEITUNG

1.1 PRINCE2® Einleitung

PRINCE2 (**PR**ojects **IN** **C**ontrolled **E**nvironments) ist eine strukturierte Methode für effektives Projektmanagement. Als eine Sammlung von Best Practices – also bewährten Handlungspraktiken – hat sich PRINCE2 in unterschiedlichsten Branchen und Projekten bewährt. Die erste Version dieser Projektmanagementmethode erschien 1989. Sie wurde in den folgenden Jahren erweitert und verbessert und schließlich 1996 als PRINCE2 veröffentlicht. Die aktuelle Version PRINCE2:2009 wird in über 150 Ländern aktiv eingesetzt und auf Basis der Erfahrungen von mehr als 300 Unternehmen kontinuierlich weiterentwickelt.

Charakteristisch für PRINCE2 ist der Fokus auf eine durchgängige geschäftliche Rechtfertigung (abgebildet in dem sogenannten Business Case) des Projekts, eine Organisationsstruktur mit definierten Rollen und Verantwortlichkeiten für das Projektmanagementteam, sowie eine deutliche Orientierung auf das zu liefernde Produkt des Projekts. PRINCE2 ist ein methodisches Vorgehensmodell, das sich auf das Management eines Projektes konzentriert und das dafür benötigte Wissen zusammenfasst. Die Herstellung der projektspezifischen Produkte wird in diesem Standard nicht abgedeckt.

1.2 Bausteine von PRINCE2®

PRINCE2 besteht aus vier Basis-Elementen, auch „Bausteine“ genannt, die diese Projektmanagementmethode ausmachen:

- 7 Grundprinzipien
- 7 Themen
- 7 Prozesse
- Anpassung von PRINCE2 an die Projektumgebung

1.2.1 Sieben Grundprinzipien

Die sieben Grundprinzipien sind die Grundwerte des Projektmanagements nach PRINCE2. Die Prinzipien stellen Regeln dar, die beachtet werden müssen, sonst kann nicht von einem PRINCE2-Projekt gesprochen werden. Alle Grundprinzipien sind allgemeingültig, universell und basieren auf bewährten Verfahren.

PRINCE2 Grundprinzipien im Einzelnen:

- **Fortlaufende geschäftliche Rechtfertigung**: Das Projekt muss jederzeit geschäftlich anhand eines Business Case gerechtfertigt werden. Dabei spricht PRINCE2 bewusst von „geschäftlich“, da es auch durchaus Projekte gibt, in denen der monetäre/wirtschaftliche Gedanke nicht im Vordergrund steht.
- **Lernen aus Erfahrung:** Alle Projektbeteiligten lernen aus früheren Erfahrungen und sammeln wiederum eigene. Dies soll verhindern, dass Fehler der Vergangenheit wiederholt werden.
- **Definierte Rollen und Verantwortlichkeiten:** Ein PRINCE2-Projekt hat definierte und vereinbarte Rollen und Verantwortlichkeiten und eine Organisationsstruktur, in der alle wichtigen Stakeholder (Benutzer, Unternehmen, Lieferant) vertreten sind.
- **Steuern über Managementphasen:** Ein PRINCE2-Projekt wird in sogenannte Managementphasen gegliedert und entsprechend phasenweise geplant und freigegeben.
- **Steuern nach dem Ausnahmeprinzip:** In einem PRINCE2-Projekt wird während einer Phase die jeweils höhere Hierarchie nur im Ausnahmefall (Toleranzverletzung) zur Entscheidung hinzugezogen.

- **Produktorientierung:** Das gesamte Projekt wird an dem zu liefernden Endprodukt ausgerichtet. Dies spiegelt sich auch in der produktbasierten Planung wider, bei der für das zu liefernde Endprodukt des Projekts und für jedes Teilprodukt Qualitätskriterien festgelegt werden. "Produkt" ist definiert als ein materieller oder immaterieller Input oder Output. In PRINCE2 gibt es zwei Arten von Produkten – Managementprodukte und Spezialistenprodukte.
- **Anpassen an die Projektumgebung:** Die Anwendung von PRINCE2 wird auf das Umfeld, den Umfang, die Komplexität, die Stakeholder, die Risiken und die vorhandenen Kompetenzen des Projekts abgestimmt.

1.2.2 Sieben Themen

Die sieben Themen entsprechen traditionellen Projektmanagementdisziplinen, ohne die ein erfolgreiches Projektmanagement nicht möglich ist. Die Themen beschreiben das Fachwissen, das ein Projektmanager benötigt, um seine Ziele zu erreichen. Ohne dieses Grundlagenwissen könnten die im anschließenden Abschnitt beschriebenen Prozesse nicht durchgeführt werden.

Die Themen sind im Einzelnen:

- **Business Case:** Was ist ein Business Case und welche Inhalte sind für eine geschäftliche Rechtfertigung des Projekts sinnvoll?
- **Organisation:** Welche Rollen mit welchen spezifischen Verantwortlichkeiten kennt PRINCE2 und wie sieht die Organisationsstruktur aus?
- **Pläne:** Welche Pläne gibt es, was beinhalten sie und wie werden sie erstellt?
- **Fortschritt:** Welche Steuerungsmechanismen sind notwendig, um den Fortschritt eines Projekts zu überwachen und zu steuern?
- **Risiken:** Was ist ein Risiko und wie werden Risiken sinnvoll gemanagt?

- **Änderungen:** Wie wird mit Änderungen und der Verwaltung der Projektprodukte verfahren und wer trägt welche Verantwortung?
- **Qualität:** Welche Maßnahmen müssen ergriffen werden, um das Endprodukt bei Abschluss des Projekts wie vereinbart zu liefern?

1.2.3 Sieben Prozesse

Die sieben Prozesse beinhalten konkrete Aktivitäten, welche für ein erfolgreiches Projektmanagement notwendig sind. Hierin werden die wesentlichen Schritte vor dem Projekt, während der Projektdurchführung bis zum Projektabschluss beschrieben. Die einzelnen Prozesse und darin enthaltenen Aktivitäten werden definierten Rollen zugewiesen und damit auch die entsprechende Verantwortung eindeutig zugeordnet.
Über die Aktivitäten der sieben Prozesse werden das Projekt und seine einzelnen Abschnitte, die Phasen genannt werden, geplant, Arbeiten delegiert und überwacht und das gesamte Projekt gesteuert.

Die 7 PRINCE2-Prozesse und ihre offiziellen englischen Abkürzungen lauten:

- **Vorbereiten eines Projekts** (**S**tarting **u**p a Project, SU). Ziel dieses Prozesses ist es zu bewerten, ob es geschäftlich sinnvoll ist, das Projekt zu starten. Zudem wird eine Managementumgebung eingerichtet und das Projektergebnis - nach PRINCE2 das Projektendprodukt - definiert.
- **Lenken eines Projekts** (**D**irecting a **P**roject, DP). Dieser Prozess beinhaltet alle Aktivitäten und wichtigsten Entscheidungen des Lenkungsausschusses im Projekt.
- **Initiieren eines Projekts** (**I**nitiating a **P**roject, IP). Hier findet die Einrichtung und Planung des Projekts statt.
- **Managen eines Phasenübergangs** (Managing a **S**tage **B**oundary, SB). Dieser Prozess dient der Planung der neuen Phase sowie der Bewertung der aktuellen Phase durch den Projektmanager und somit der Vorbereitung für die Entscheidungsfindung des Lenkungsausschusses.

Abb. > Prozessüberblick basierend auf PRINCE2 based on AXELOS PRINCE2® material.

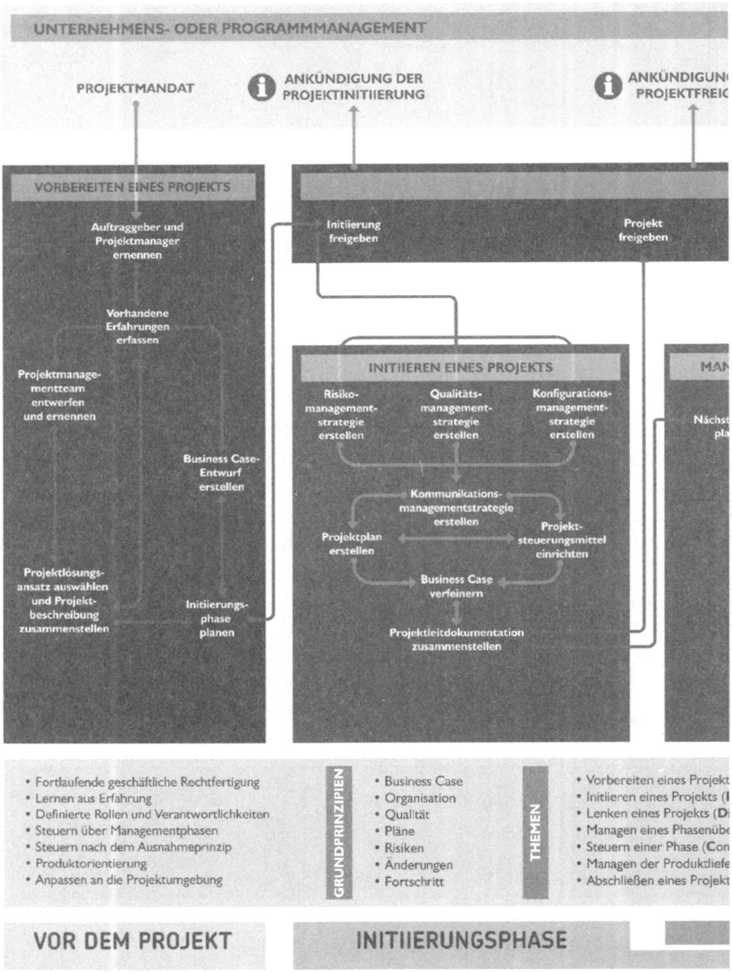

! **Dieses Bild ist auch als Download-Version unter www.serview.de erhältlich.**

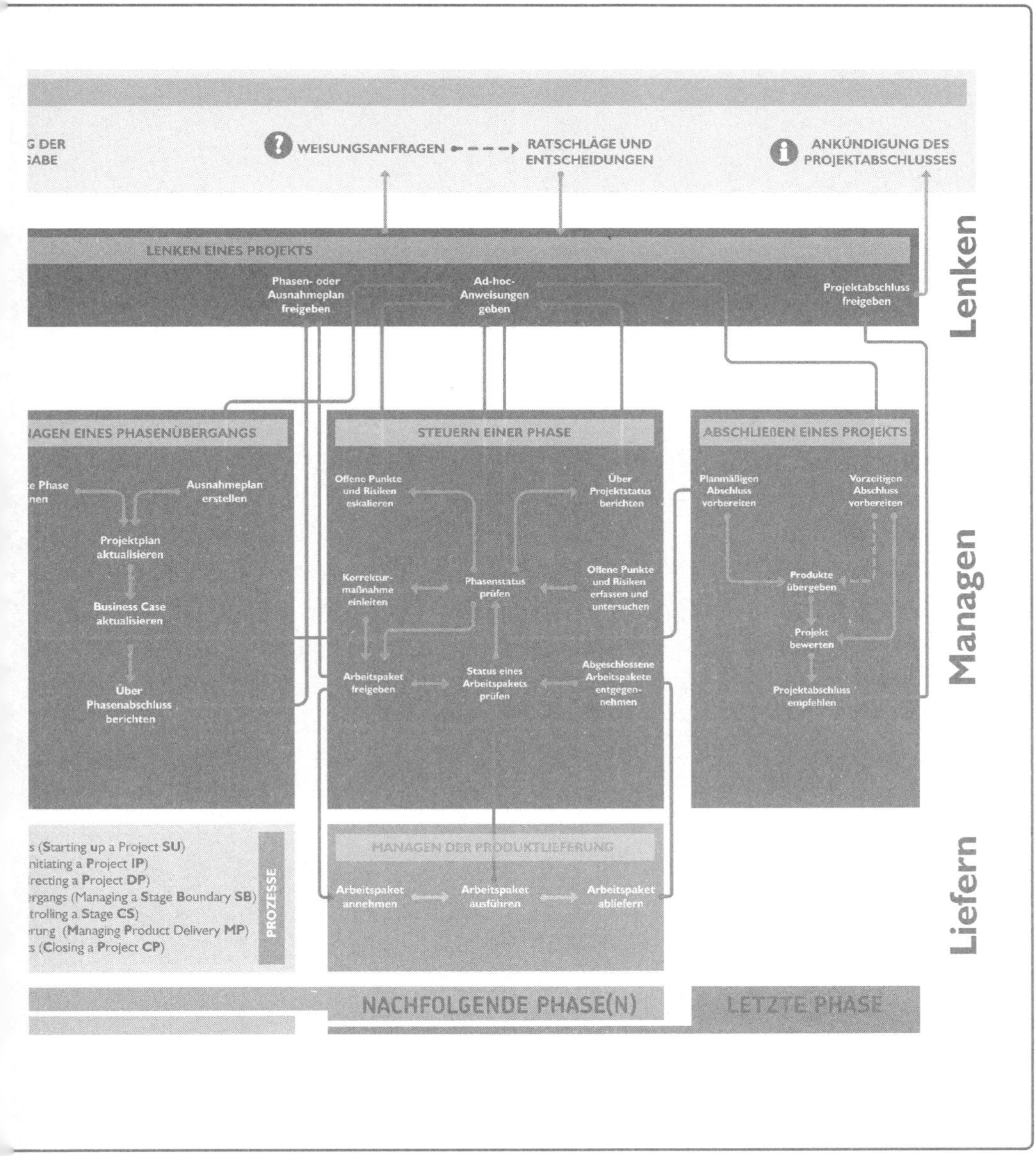
G DER
ABE
WEISUNGSANFRAGEN
RATSCHLÄGE UND ENTSCHEIDUNGEN
ANKÜNDIGUNG DES PROJEKTABSCHLUSSES
LENKEN EINES PROJEKTS
Phasen- oder Ausnahmeplan freigeben
Ad-hoc-Anweisungen geben
Projektabschluss freigeben
Lenken
IAGEN EINES PHASENÜBERGANGS
e Phase
nen
Ausnahmeplan erstellen
Projektplan aktualisieren
Business Case aktualisieren
Über Phasenabschluss berichten
STEUERN EINER PHASE
Offene Punkte und Risiken eskalieren
Über Projektstatus berichten
Korrekturmaßnahme einleiten
Phasenstatus prüfen
Offene Punkte und Risiken erfassen und untersuchen
Arbeitspaket freigeben
Status eines Arbeitspakets prüfen
Abgeschlossene Arbeitspakete entgegennehmen
ABSCHLIEẞEN EINES PROJEKTS
Planmäßigen Abschluss vorbereiten
Vorzeitigen Abschluss vorbereiten
Produkte übergeben
Projekt bewerten
Projektabschluss empfehlen
Managen
s (Starting up a Project SU)
nitiating a Project IP)
irecting a Project DP)
ergangs (Managing a Stage Boundary SB)
trolling a Stage CS)
rung (Managing Product Delivery MP)
s (Closing a Project CP)
PROZESSE
MANAGEN DER PRODUKTLIEFERUNG
Arbeitspaket annehmen
Arbeitspaket ausführen
Arbeitspaket abliefern
Liefern
NACHFOLGENDE PHASE(N)
LETZTE PHASE

- **Steuern einer Phase** (**C**ontrolling a **S**tage, CS). Dieser Prozess enthält alle wesentlichen Aktivitäten, die dem Projektmanager die tägliche Steuerung seines Projekts ermöglichen.
- **Managen der Produktlieferung** (**M**anaging **P**roduct Delivery, MP). Dieser Prozess umfasst die Koordination aller durchzuführenden Tätigkeiten der Teammitglieder durch den Teammanager.
- **Abschließen eines Projekts** (**C**losing a **P**roject, CP). Zu einem erfolgreichen Projekt gehört immer auch der formale Abschluss. Die notwendigen Aktivitäten sind in diesem Prozess beschrieben.

Diese stark prozessbasierte Orientierung zeigt, warum PRINCE2 sich eher als methodisches Vorgehensmodell für jede Art von Projekt in einem Kunden-Lieferanten-Umfeld versteht, als als ein generisches Framework. PRINCE2 beantwortet jederzeit die Frage, was der nächste sinnvolle Managementschritt in einem Projekt ist.

Die sieben Prinzipien liefern die grundlegenden Regeln, nach denen Projektmanagement mit PRINCE2 durchgeführt wird. Die Prozesse beantworten, was und wann der nächste sinnvolle Schritt ist, und die Themen beschreiben, wie die Ergebnisse in den Prozessaktivitäten erzielt werden.
Dokumentiert werden alle Informationen innerhalb der Prozesse in so genannten Managementprodukten. Sie sind Input bzw. Output der Projektmanagementaktivitäten. Managementprodukte bündeln Informationen und Daten und dienen als Entscheidungsgrundlage. Ob ein Managementprodukt in Papierform als Dokument oder auch verbal kommuniziert wird, muss für jedes Projekt individuell festgelegt werden. PRINCE2 beschreibt die 26 wichtigsten Managementprodukte näher und gibt eine klare Empfehlung zur Darstellung und Form.

1.2.4 Anpassung von PRINCE2®

Der letzte Baustein betrifft die Anpassung von PRINCE2 an die jeweilige Projektumgebung.

Es ist nicht im Sinne von PRINCE2, dass das Handbuch als unumstößlich gesehen wird. PRINCE2 versteht sich als eine Empfehlung, wie Projektmanagement erfolgreich durchgeführt werden kann. Welche Elemente aber für welches Projekt notwendig sind, wird von PRINCE2 nicht vorgeschrieben. Vielmehr ist jeder aufgefordert zu überlegen, wie der Best-Practice-Ansatz für sein spezifisches Projekt Anwendung findet. Was bei der Anpassung von PRINCE2 jedoch bedacht werden muss und welche Teile nicht verändert werden sollten, damit weiterhin von einem PRINCE2 Projekt gesprochen werden kann, beschreibt dieser Baustein.

Bevor die vier integrierten Bausteine im Detail vorgestellt werden, ist es notwendig, die Begriffe Projekt und Projektmanagement zu erklären

1.3 Projektdefinition – Was ist ein Projekt?

In zahlreichen unterschiedlichen Projektmanagement-Publikationen und den großen Frameworks gibt es bereits ausführliche Definitionen, was ein Projekt ist. PRINCE2 erfindet daher das Rad nicht neu, sondern greift auf gängige und allgemein akzeptierte Definitionen zurück. PRINCE2 beschreibt ein Projekt wie folgt:
"Ein Projekt ist eine zeitlich befristete Organisation, die zum Zweck eingerichtet wird, ein oder mehrere Produkte gemäß einem vereinbarten Business Case zu liefern."*

Für ein Projekt gibt es fünf, allgemein gültige, charakteristische Merkmale:

- Ein Projekt ist **zeitlich befristet**: Ein Projekt hat einen zeitlich fest definierten Rahmen (Lebenszyklus) mit einem klaren Start- und Endpunkt für die Durchführung. Auch wenn dieses Merkmal selbstverständlich erscheint, so werden in der Praxis viele Projekte formal nicht richtig abgeschlossen.
- Jedes Projekt ist **einzigartig**: Auch wenn Projekte sich in manchen Punkten (z.B. Ergebnis) ähneln, so gibt es immer Unterschiede, wie in der Zusammensetzung des Teams, bei den beteiligten Stakeholdern, den identifizierten Risiken etc. Daher ist kein Projekt wie das andere.
- Ein Projekt realisiert **Veränderung**: Um das Tagesgeschäft, auch „Business as usual" genannt, weiter entwickeln zu können, um den Anforderungen des Marktes zu genügen und somit das Unternehmen bzw. die Organisation weiter voran zu bringen, nutzt man immer häufiger Projekte.
- Ein Projekt arbeitet **bereichsübergreifend**: Projektmanagementteams werden in der Regel bereichsübergreifend zusammengestellt. Personen mit unterschiedlichen Fähigkeiten liefern gemeinsam, in einem zeitlich befristeten Rahmen, Produkte Produkte (Liefergegenstände des Projekts), die Auswirkung auf weitere Personen außerhalb dieses Teams haben. Der bereichsübergreifende Charakter von Projekten bringt stets die Herausforderung mit sich, verschiedene Perspektiven und Interessen auf die gleiche Sache zu richten.

*Source: Managing Successful Projects with PRINCE2®, 2009 Edition.

- Ein Projekt bringt **Unsicherheiten** mit sich: Jedes Projekt birgt Unsicherheiten, also Risiken. Diese Risiken können entweder Bedrohungen oder Chancen sein, die kontinuierlich bewertet werden um ggf. entsprechende Gegenmaßnahmen einzuleiten. Gezieltes Risikomanagement ist ein wesentliches Element für erfolgreiches Projektmanagement.

1.4 Projektmanagement – Was ist die Aufgabe eines Projektmanagers?

In der Praxis findet man häufig die Begriffe Projektleiter oder Projektmanager. Es fehlt allerdings eine klare Definition dieser Rollenbezeichnung. Die Fachliteratur ist sich in einem Punkt einig: Projektmanager managen ein Projekt! Der Begriff ‚managen' wiederum hat vielerlei Bedeutung, unter anderem: Leiten, Durchführen, Abwickeln, Bewerkstelligen, etc..
Nach DIN 69901 wird Projektmanagement als Gesamtheit von Führungsaufgaben, Führungsorganisation, Führungstechniken und Führungsmitteln für die Abwicklung eines Projektes verstanden.

PRINCE2 beschreibt Projektmanagement anhand der Projektdefinition wie folgt:
Projektmanagement ist die Planung, Delegierung, Überwachung und Steuerung einer zeitlich befristeten Organisation mit dem Ziel, ein oder mehrere Produkte gemäß einem vereinbarten Business Case zu liefern. Dazu gehören die Motivation der Beteiligten und das Erreichen der Projektziele innerhalb der Leistungsziele für Zeit, Kosten, Qualität, Umfang, Nutzen und Risiken.

Abb. > Kernaktivitäten des Projektmanagements based on AXELOS PRINCE2® material. Reproduced under licence from AXELOS.

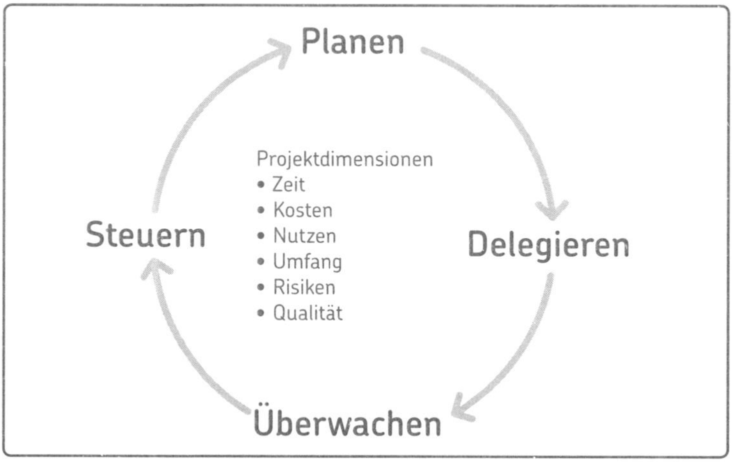

Folgende vier Kernaktivitäten gilt es zu beherrschen:

- **Planen:** Um alle notwendigen Aktivitäten steuern und überwachen zu können, braucht es einen Plan, der aufzeigt, welche Produkte erstellt werden müssen und welche Aktivitäten wann durchzuführen sind. Der Plan ist zugleich zentrale Stütze der projektinternen Kommunikation.
- **Delegieren:** Projektmanagement beinhaltet nicht die Erstellung der notwendigen Produkte – auch wenn der Projektmanager die Fähigkeit dazu besitzt - sondern das Management einer Organisation. Das heißt, anstehende Arbeiten zu delegieren, und zwar gemäß PRINCE2 in Form von Arbeitspaketen, welche der Projektmanager mit dem Teammanagement vereinbart.
- **Überwachen:** Gemäß dem Motto: „Vertrauen ist gut, Kontrolle ist besser" müssen die mit dem Teammanagement vereinbarten Arbeitspakete überwacht werden. Die Überwachung des Plans mit den tatsächlichen Entwicklungen – der Soll-Ist-Vergleich – ist ein wichtiges Werkzeug, um ein Projekt steuern zu können.
- **Steuern:** Dieser Begriff wird häufig missverstanden und fälschlicherweise mit dem Begriff „Lenken" gleichgesetzt. Lenken meint jedoch „Richtung vorgeben" oder „Kurs setzen". Der Lenkungsausschuss lenkt das Projekt. Er gibt vor, was vom Projekt zu liefern ist. Der Projektmanager steuert das Projekt; er versucht den gesetzten Kurs einzuhalten. Anhand dieser feinen, aber wichtigen Abgrenzung wird der Unterschied zwischen der Ergebnisverantwortung (engl. "accountability") und Durchführungsverantwortung (engl. "responsibility") deutlich. Der Projektmanager verantwortet die Durchführung des Projekts gemäß dem Business Case (siehe Projektdefinition), während der Lenkungsausschuss die Ergebnisverantwortung hat. Das bedeutet, „Steuern" bezieht sich darauf, Entscheidungen anhand vorhandener Informationen zu treffen – z.B. ob das Projekt noch auf Kurs ist oder nicht.

Der Projektmanagementzyklus bezieht sich auf sechs variable Größen, die es zu managen gilt. PRINCE2 spricht hier von den sechs Projektdimensionen:

- **Zeit:** Geplanter Start- und Endtermin des Projekts.
- **Kosten:** Effiziente Durchführung des Projekts unter Einhaltung des Budgets (und eventuelle Aufdeckung von Chancen zur Kosteneinsparung).
- **Qualität:** „Fit for purpose“ – Eignung der Produkte des Projekts, um die gewünschten Ergebnisse zu erzielen.
- **Risiken:** Managen aller Chancen und Bedrohungen.
- **Umfang:** Sicherstellen, dass bei allen Stakeholdern das gleiche Verständnis in Bezug auf. den Umfang des Projekts existiert und dieser Umfang nicht schleichend erweitert wird (scope creep).
- **Nutzen:** Projektergebnisse müssen geeignet sein, den angestrebten Nutzen zu erreichen.

Die sechs Dimensionen werden von der Kundenseite definiert und bilden die Basis für die Vereinbarung zwischen Lenkungsausschuss und Projektmanager. Jede Dimension hat direkten Einfluss auf das Ergebnis des Projekts. Der Projektmanager ist im Rahmen der Durchführung des Projekts für die Einhaltung der sechs Dimensionen verantwortlich. Abweichung außerhalb definierter Parameter müssen dem Lenkungsausschuss gemeldet werden. Er entscheidet über das weitere Vorgehen, denn er ist ergebnisverantwortlich.

1.5 Warum PRINCE2®? - Vorteile

PRINCE2 verbreitet sich seit Jahren weltweit sehr schnell und der Bekanntheitsgrad wächst stetig. Das PRINCE2 Handbuch und verschiedenste Zusatzliteratur ist in vielen Sprachen erschienen, wodurch ein hohes Maß an Standardisierung auch bei internationalen Projekten ermöglicht wird. Prüfungen und Akkreditierungen werden seit 1998 auf allen Kontinenten abgenommen.
PRINCE2 ist für alle Projektarten geeignet, welche in einem Kunden-Lieferanten-Umfeld durchgeführt werden. Mit Lieferant ist hier nicht zwingend ein externer Lieferant gemeint. Auch eine interne Abteilung wird im Sinne von PRINCE2 als Lieferant bezeichnet.

Ein wesentlicher Vorteil von PRINCE2 ist, dass durch eine Standardisierung des Projektvorgehens eine effizientere Durchführung des Projektes ermöglich wird. Eine einheitliche Sprache zwischen Lieferanten und Kunden und ein schnell zu adaptierendes Vorgehensmodell ist oftmals der Schlüssel zum Erfolg. Lieferanten und Kunden verständigen sich zu Projektbeginn auf einen gemeinsamen Standard und ermöglichen so den reibungslosen Projektstart und die Durchführung.

Ein weiterer entscheidender Vorteil von PRINCE2 ist die Tatsache, dass es für Projekte jeder Art und Größe angepasst werden kann. Voraussetzung hierfür ist, dass sowohl die Prozesse als auch die Themen vor Projektbeginn an die jeweilige Projektumgebung angepasst werden. Hierbei ist besonders zu beachten, dass alle der sieben Grundprinzipien eingehalten werden.

Für viele Projektmanager sind zudem Ausbildungsmöglichkeiten zum Aufbau von Wissen essentiell. PRINCE2 bietet international anerkannte PRINCE2 Zertifizierungen an, mit denen Grundlagenkenntnisse (Foundation) sowie darauf aufbauend das Anwendungsverständnis (Practitioner) nachgewiesen werden können. Diese Ausbildungen dürfen nur von einer so genannen Akkreditierten Trainingsorganisation (ATO) angeboten werden, die von den offiziellen Zertifizierungsbehörden einer ständigen Überprüfung in Bezug auf Trainer und Materialien unterzogen werden. So wird eine einheitliche und hohe Qualität der Ausbildungen sichergestellt.

Eine Vielzahl anerkannter, auf dem Markt erhältlicher Tools unterstützt die Projektdurchführung mit PRINCE2.

Die PRINCE2-Methode für Projektmanagement ist nicht singulär zu sehen, sondern als Teil der Best Management Practices. Dieses Zusammenspiel der verschiedenen Best Practices, wie Managing Successful Programmes (MSP), Portfolio, Programme & Project Offices (P3O), Management of Portfolios (MoP) und Management of Risk (M_o_R), ergibt ein ganzheitliches Bild und stellt einen wesentlichen Erfolgsfaktor von PRINCE2 dar.

1.6 Seminar- und Qualifizierungsschema

Für die Projektmanagement Methode PRINCE2® gibt es folgende Seminare und Qualifizierungen:

PRINCE2®-Foundation
In der zwei- bzw. dreitägigen Foundation-Ausbildung werden die Grundlagen der Projektmanagementmethode PRINCE2® vermittelt. Die Ausbildung zur PRINCE2®-Foundation wird mit einer Zertifizierungsprüfung abgeschlossen. Diese umfasst 75 Fragen im Multiple-Choice-Stil und dauert 60 Minuten.

PRINCE2®-Practitioner
In der dreitägigen Practitioner-Ausbildung werden die Grundsätze, Themen und Prozesse der PRINCE2®-Projektmanagementmethode in aller Tiefe ausgearbeitet.
Die Inhalte der PRINCE2®-Projektmanagementmethode werden hierzu in Gruppenarbeiten anhand einer Praxissituation (Fallstudie) durch die Kursteilnehmer erarbeitet. Dazu findet als Abschluss eine zweieinhalbstündige Prüfung statt, die auf einer Praxissituation beruht (Fallstudie). Die erfolgreich abgeschlossene Foundation-Ausbildung ist hierfür Grundlage.

PRINCE2® Professional
Im Unterschied zur PRINCE2® Foundation und Practitioner Ausbildung wird der PRINCE2® Professional nicht als klassisches Seminar durchgeführt. An Stelle eines klassischen Trainings nehmen die Teilnehmer an einem 2,5 Tage andauernden Assessment Center teil. Innerhalb dieser 2,5 Tage wird jeder Teilnehmer von mehreren Assessoren bei der Arbeit begutachtet, die sich ein umfangreiches Bild über die Fähigkeiten und Erfahrungen machen. Die Teilnehmer werden dazu bei Gruppenarbeiten beobachtet, zu ihren Tätigkeiten befragt und in einem persönlichen Interview „auf den Zahn" gefühlt. Basis der Arbeiten ist eine praxisnahe Fallstudie. Neben methodischen Erfahrungen in der Anwendung von PRINCE2® gehen auch Faktoren wie Teamfähigkeit, Selbstorganisation und Zeitmanage-

ment in die Bewertung ein. Um an einem PRINCE2® Professional Assessment Center teilnehmen zu können, ist das Vorhandensein einer aktuellen PRINCE2® Practitioner Zertifizierung zwingend Voraussetzung.

02

PRINCE2®
GRUNDPRINZIPIEN

2.1 Grundprinzipien

Da PRINCE2 sich sehr gut an verschiedene Projektumgebungen anpassen lässt, stellt sich diesbezüglich die Frage, wie weit eine solche Anpassung erfolgen kann, d.h wann ist PRINCE2 noch PRINCE2?

Beim letzten Refresh auf die Version 2009 wurden sieben Grundprinzipien eingeführt, die genau dies klären. Diese Prinzipien waren zwar inhaltlich bereits in älteren PRINCE2-Versionen enthalten, wurden jedoch nicht explizit benannt.

Diese Prinzipien stellen Grundwerte dar, die obligatorisch für jedes PRINCE2 Projekt sind. Werden nicht alle Grundprinzipien eingehalten, kann nicht mehr von einem PRINCE2-Projekt gesprochen werden.

Die Prinzipien sind alle universell, allgemeingültig, für jedes Projekt anwendbar und haben sich über viele Jahre in der Praxis bewährt.

Im Folgenden werden diese Prinzipien eingehend erläutert.

2.1.1 Fortlaufende geschäftliche Rechtfertigung

Dieses Prinzip soll sicherstellen, dass es für die Projektdurchführung immer valide Gründe gibt.
PRINCE2 dokumentiert den Grund für das Projekt und die Rechtfertigung in einem Business Case. Da ein Projekt untrennbar mit seiner geschäftlichen Rechtfertigung verbunden ist, zielt der Entscheidungsprozess in PRINCE2 darauf ab sicherzustellen, dass das Projekt auf die geschäftlichen Ziele und den angestrebten Nutzen ausgerichtet ist und bleibt. Darüber hinaus sollte immer geprüft werden, ob das Projekt an den Strategien des Unternehmens ausgerichtet ist und diese wirklich unterstützt.
Dadurch soll verhindert werden, dass Projekte durchgeführt werden, die der Organisation nur geringen oder keinen Nutzen bringen.

Hierbei ist anzumerken, dass auch ein vorzeitig abgeschlossenes Projekt als erfolgreich angesehen werden kann, wenn es vorzeitig beendet wurde, weil das Prinzip der fortlaufenden geschäftlichen Rechtfertigung nicht mehr erfüllt ist. Schließlich entsteht so u.a. die Möglichkeit, die ungenutzten Ressourcen (z.B. den Projektmanager) anderweitig einzusetzen.

2.1.2 Lernen aus Erfahrung

Wie schon George Santayana 1905 feststellte: „Those who cannot remember the past are condemned to repeat it“ (Die, die aus der Vergangenheit nichts lernen, sind verdammt dazu, sie zu wiederholen). Der Grundgedanke hinter diesem Prinzip ist, dass das Lernen aus Erfahrung eine Chance ist, einmal gemachte Fehler nicht zu wiederholen.

Ein charakteristisches Merkmal eines Projekts ist seine Einzigartigkeit. Durch diese Einzigartigkeit stellen Projekte insbesondere für die Projektteams eine große Herausforderung dar.
Daher sollten alle Projektbeteiligten auf Erfahrungen anderer Projekte zurückgreifen und von Beginn an eigene Erfahrungen über die gesamte Projektlaufzeit sammeln, aufzeichnen und in den Projektalltag einbeziehen.

2.1.3 Definierte Rollen und Verantwortlichkeiten

Viele Projekte haben das Problem, dass die Verantwortlichkeiten innerhalb des Teams nicht eindeutig abgegrenzt sind. Hinzu kommt, dass es sehr aufwendig ist alle Stakeholder zu identifizieren.
Um diesen Schwierigkeiten entgegenzuwirken, soll das Prinzip definierte Rollen und Verantwortlichkeiten sicherstellen, dass alle wesentlichen Interessenvertreter (Unternehmen, Benutzer und Lieferanten) in das Projekt eingebunden sind und alle Beteiligten ein genaues Verständnis davon haben, welche Rolle und die damit verbundene Verantwortung sie im Projekt haben. Darüber hinaus unterstützt eine klare Organisationsstruktur mit eindeutigen Kommunikationswegen eine effektive Zusammenarbeit.

Dieses Prinzip stellt sicher, dass jedes Mitglied des Projektmanagementteams weiß, was von ihm erwartet wird.

2.1.4 Steuern über Managementphasen

PRINCE2 unterteilt ein Projekt in sogenannte Managementphasen, die es dem Lenkungsausschuss ermöglichen, an den Übergangspunkten von einer Phase in die nächste den Fortschritt und die geschäftliche Rechtfertigung zu prüfen. An dieser Stelle wird stets darüber entschieden, ob sich das Projekt noch lohnt und eine Weiterführung sinnvoll ist.

Abhängig von der Priorität des Projektes, des Risikos und seiner Komplexität kann über die Einteilung der Phasen eine mehr oder weniger enge Steuerung durch den Lenkungsausschuss eingerichtet werden. Kürzere Phasen bedeuten eine engere Steuerung, während längere Phasen den Lenkungsausschuss entlasten.

Dieses Prinzip findet auch in der Planung von Projekten nach PRINCE2 Anwendung. Betrachtet der Planungshorizont das gesamte Projekt, verliert der Plan in der Regel an Genauigkeit, je weiter die geplanten Produkte und Aktivitäten in der Zukunft liegen. Aus diesem Grund unterteilt PRINCE2 jedes Projekt in Phasen. Ein highlevel Projektplan liefert die Übersicht über das Projekt und zeigt auf, welche Hauptprodukte in welcher Phase erstellt werden. Ein Phasenplan, der immer nur von Phase zu Phase erstellt wird ist dagegen detaillierter. Dadurch sind die einzelnen Phasen gut zu managen. Jeder Phasenplan wird durch den Lenkungsausschuss freigegeben.

Nach PRINCE2 kann ein Projekt, je nach Größe und Komplexität, unterschiedlich viele Managementphasen haben. Es verlangt aber mindestens zwei Managementphasen: Eine Initiierungsphase und eine weitere Managementphase.

2.1.5 Steuern nach dem Ausnahmeprinzip

Da die Projektdimensionen direkten Einfluss auf das Endprodukt haben, muss jede Abweichung bzw. drohende Veränderung an die nächst höhere Ebene innerhalb der Hierarchie eskaliert werden. Durch diese klare Zuordnung sorgt PRINCE2 für ein angemessenes Maß an Steuerung.

Um zu verhindern, dass aufgrund minimaler Abweichungen häufige Eskalationen erfolgen, können von einer Managementebene zur nächsten Toleranzen festgelegt werden.

- **Zeit**: +/- zusätzliche Pufferzeit für angestrebte Fertigstellungstermine
- **Kosten**: +/- Beträge des geplanten Budgets
- **Qualität**: +/- Grad der Abweichung vom Qualitätsziel, z.B. ein Produkt mit einer gewissen Beschaffenheit
- **Umfang**: Zulässige Abweichung der Produkte vom Plan, z.B. obligatorische Anforderungen +/- wünschenswerte Anforderungen
- **Risiko**: Grenzwerte können für die Gesamtheit der Risiken eines Plans (z. B. die Gesamtkosten aller Risiken dürfen nicht mehr als 10 % des geplanten Budgets ausmachen) oder auch für eine bestimmte Gefahr (z.B. jede Gefahr, die sich auf den praktischen Gebrauch bezieht) definiert werden
- **Nutzen**: +/- Grad der Abweichung von einer angestrebten Verbesserung (z. B. 30 % bis 40 % Kostensenkung)

Untermauert wird dieses System durch die Einrichtung von Steuerungsmitteln und Sicherungsmechanismen, die unter anderem eine rechtzeitige Eskalation gewährleisten sollen.

Dieses Grundprinzip führt letztlich dazu, dass die an einem Projekt beteiligten Führungskräfte entlastet werden, ohne dabei die Kontrolle über das Projekt zu verlieren. Außerdem wird sichergestellt, dass immer auf der richtigen Ebene entschieden wird.

2.1.6 Produktorientierung

In PRINCE2 Projekten werden zuerst Ergebnisse in Form von Projektprodukten vereinbart und definiert, bevor Aktivitäten zur Erstellung dieser Produkte geplant werden. Diese Ergebnisorientierung trägt wesentlich zum Erfolg eines Projekts bei, da dadurch der Schwerpunkt auf die Qualitätsanforderungen gelegt wird. Produkte bzw. deren Qualitätskriterien sind deutlich einfacher beschreibbar und messbar als die von Aktivitäten.

Alle Beteiligten sollten ein gemeinsames Verständnis davon haben, welche Produkte gefördert und welche Qualitätserwartungen an diese Produkte gestellt werden. PRINCE2 gewährleistet dieses Verständnis durch die Erstellung von Produktbeschreibungen, die Zweck, Zusammensetzung, Herkunft, Format, Qualitätskriterien und Qualitätsprüfmethode jedes einzelnen Produkts beinhalten. Aus diesen Produktbeschreibungen können alle weiteren Planungsinformationen abgeleitet werden, z.B. notwendige Aktivitäten und Abhängigkeiten, Ressourcenschätzungen und Zeitpläne.

Projekte, die – was immer noch die Regel ist – aktivitätsbasiert geplant werden, kämpfen beispielsweise oft mit Abnahmestreitigkeiten, Nachbearbeitung und Unzufriedenheit der Benutzer bzw. des Kunden. Häufig wird der Schwerpunkt in diesem Falle auf Zeit und Kosten gelegt, nicht aber auf das eigentliche Ergebnis, das am Ende den Nutzen bringen soll.

2.1.7 Anpassen an die Projektumgebung

Die Anpassung von PRINCE2 ist nicht nur einer der vier integrierten Bausteine, sondern wird auch noch in Zusammenhang mit den sieben Grundprinzipien genannt. Wie eingangs bereits erwähnt, ist es nicht das Ziel von PRINCE2, dass die Methode eins zu eins aus dem Handbuch angewendet wird. PRINCE2 versteht sich als eine Sammlung bewährter Verfahren, die in sich schlüssig anwendbar sind. Dabei ist die Universalität der wahre Wert: Ganz gleich in welcher Organisation PRINCE2 zur Anwendung kommt, wie groß oder klein das Projekt ist, in welchem geographisch oder kulturellen

Umfeld das Projekt durchgeführt wird, PRINCE2 ist für jede Art von Projekt geeignet.
Ohne Anpassung läuft der Anwender von PRINCE2 Gefahr, dass Ansatz und Aufwand des Projektmanagements nicht den Anforderungen des Projekts entsprechen.
Da die Einhaltung der Grundprinzipien voraussetzt, dass PRINCE2 jedes Mal an die Projektumgebung angepasst wird, wird sichergestellt, dass die Steuerung und das methodische Vorgehen auf das jeweilige Projekt zugeschnitten werden.
Diese Anpassung sollte für alle dokumentiert und verfügbar gemacht werden.

03

PRINCE2® THEMEN

3.1 Themen

Die Themen in PRINCE2 entsprechen den traditionellen Projektmanagement-Disziplinen. Noch einmal zur Erinnerung: PRINCE2 beschäftigt sich ausschließlich mit dem Management des Projekts! Während die Prozesse methodisch beschreiben, was wann zu tun ist, beantworten die Themen die Frage „Wie" es getan werden kann. Es handelt sich also um Wissensbereiche, die für den Projektmanager notwendig sind, um entsprechende Projektergebnisse erzielen zu können.

Abb. > PRINCE2® Prozesse, Themen und Prinzipien based on AXELOS PRINCE2® material. Reproduced under licence from AXELOS.

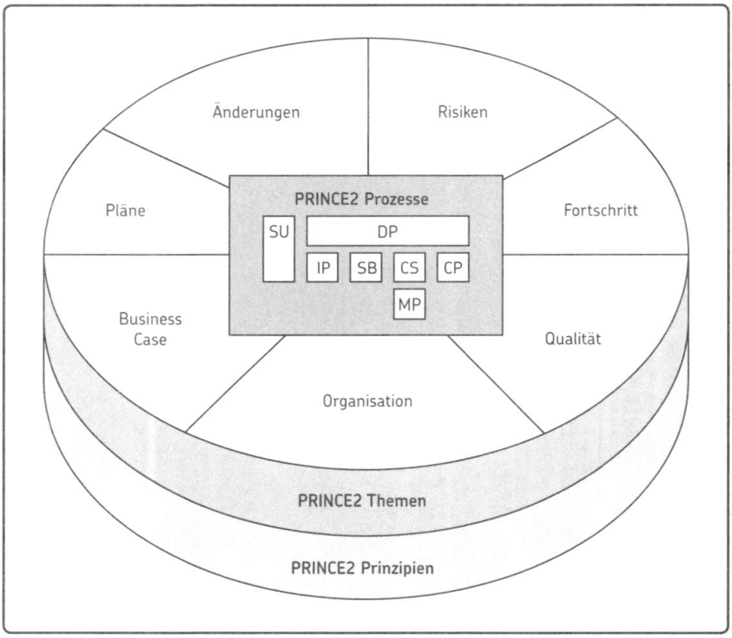

Ein Beispiel: Zum Phasenübergang sieht der Prozess Managen eines Phasenübergangs vor den Business Case zu aktualisieren. Ein neuer Projektmanager, der mit einem Business Case eventuell noch nie in Berührung gekommen ist, wird die Aktivität vermutlich nach bestem Wissen und Gewissen durchführen. Die Wahrscheinlichkeit,

dass er dem Lenkungssausschuss tatsächlich valide Informationen vorlegen wird, ist allerdings gering. PRINCE2 stellt dem Projektmanager durch das Thema Business Case das Wissen zur Verfügung, um diesen Prozessschritt durchführen zu können. Mit diesem Thema kennt der Projektmanager die Bedeutung des Business Case, wichtige Definitionen rund um den Business Case sowie die Zusammensetzung. Es wird ebenfalls geklärt, an welchen Punkten im Projekt der Buisness Case prozesshaft benötigt wird, und es werden verschiedene Techniken erläutert, die bei der Erstellung angewendet werden. Gleichzeitig sorgen die Themen auch für die Einhaltung der Grundprinzipien.
Auf diese Art verbinden sich die Themen mit den Prozessen und Prinzipien.

Die sieben Themen von PRINCE2 und Fragen, die sie beantworten, lauten:

- Business Case: Warum?
- Organisation: Wer...?
- Qualität: Was, mit welchen Anforderungen?
- Pläne: Wie, wie viel, was und wann?
- Risiken: Was ist, wenn?
- Änderungen: Was sind die Auswirkungen?
- Fortschritt: Wo stehen wir jetzt? / Wohin gehen wir? / Sollen wir weitermachen?

Diese sieben Wissensgebiete sind ein weiterer wichtiger Baustein für erfolgreiches Projektmanagement. In welchem Maß die Themen angewendet werden, hängt von der Art und der Umgebung des Projekts ab. Allgemein lässt sich festhalten, dass auch kleinste Projekte jedes der oben genannten Themen berücksichtigen sollten.

3.2 Business Case

Im Sinne von PRINCE2 ist der Business Case der „Motor des Projekts". Läuft der „Motor", ist das Projekt gerechtfertigt. Bleibt der Motor stehen, verliert das Projekt sein Existenzrecht. In diesem Fall muss entschieden werden das Projekt vorzeitig abzuschließen oder bis zu einem gewissen Punkt weiterzuführen, um ggf. wenigstens einen Teilnutzen realisieren zu können. Es ist der Zweck des Themas Business Case entsprechende Mechanismen einzurichten, damit jederzeit entschieden werden kann, ob das Projekt noch wünschenswert, lohnend und realisierbar ist.
Der Business Case ist die geschäftliche Rechtfertigung des Projekts. Er sollte eine Verbindung zwischen der Strategie der Organisation und dem Projekt aufzeigen.

Nach PRINCE2 geht der Business Case weit über die reine Investitionsrechnung hinaus. Sie ist nur ein Bestandteil eines Business Case. Detaillierungsgrad und Umfang des Business Case sind allerdings abhängig von Art, Größe und Umfeld des Projekts. Folgende Punkte sollten Bestandteil sein:

- **Gründe**: Warum sollte das Projekt durchgeführt werden und warum ist es notwendig für die Organisation. Die Gründe beschreiben meist eine Problemsituation, die ein Handeln unausweichlich macht. Häufig werden die Gründe bereits mit dem Projektmandat mitgeteilt.
- **Erwarteter Nutzen:** Messbare Verbesserungen, die vom Projektergebnis erwartet werden. Es kann sein, dass ein Projekt nicht selbstständig Nutzen generiert, sondern für die Ergebnisse eines anderen Projekts notwendig ist. Auch dies sollte hier als Nutzen beschrieben sein.
- **Optionen:** Verschiedene Optionen (Projekte), die beschreiben, was getan werden kann, um das angestrebte Ergebnis und den erwarteten Nutzen zu erzielen. Jede Option sollte begründet sein. Der Auftraggeber wird sich für eine Option entscheiden. Es gibt drei verschiedene Arten von Optionen:
    - Minimumoption: Das Notwendige, um den erwarteten Nutzen zu realisieren, wird realisiert.

  - Minimum-Plus-Option: Das Notwendige plus weitere ergänzende Maßnahmen werden realisiert. Neben dem erwarteten Nutzen kann zusätzlicher Nutzen erzielt werden.
  - Nulloption: Was passiert, wenn kein Projekt durchgeführt wird. Diese Option sollte nie fehlen, da sie die beste Begründung für das Projekt und den damit verbundenen Business Case darstellt.
- **Risiken:** Wichtige Unsicherheiten, Chancen oder Bedrohungen, die den Business Case beeinflussen können oder die Kalkulation des Business Case bereits beeinflussen.
- **Erwartete negative Nebeneffekte:** Soweit möglich, messbare Nachteile, die durch die Projektdurchführung entstehen werden oder bereits bekannt sind. Das Eintreten dieser Effekte ist sicher.
- **Zeit:** Zeitrahmen, innerhalb dessen das Projekt realisiert und der Nutzen durch die Produkte des Projekts eintreten wird.
- **Kosten:** Zusammenfassung aller Projekt-, Betriebs- und Wartungskosten sowie ihrer Finanzierung.
- **Investitionsrechnung:** Die Gegenüberstellung der Kosten für das Projekt, den späteren Betrieb sowie Wartung und des zu erwartenden Nutzens (meist monetäre Darstellung). Hier fließen die Kosten ein, die entstehen können, wenn das Projekt, wie in der Nulloption beschrieben, nicht durchgeführt wird. Der Projektmanager kann hier verschiedene Techniken nutzen, wie z.B. Investitionsertrag (ROI), Barwertmethode, Sensibilitätsanalyse.

Im Zusammenhang mit dem Business Case ist es wichtig, die Begriffe Output, Ergebnis und Nutzen zu differenzieren. PRINCE2 definiert diese Begriffe folgendermaßen:
Output sind materielle oder auch immaterielle Produkte, die sogenannten Spezialistenprodukte. Zu den Spezialistenprodukten gehört beispielsweise auch das Projektendprodukt.
Ergebnis des Projekts sind die aus der Anwendung des Endproduktes (und der Teilprodukte) resultierenden Veränderungen für die Organisation.

Nutzen ist immer eine messbare Verbesserung, die aus dem Ergebnis resultiert und einen Vorteil bringt.

Abb. > Output based on AXELOS PRINCE2® material. Reproduced under licence from AXELOS.

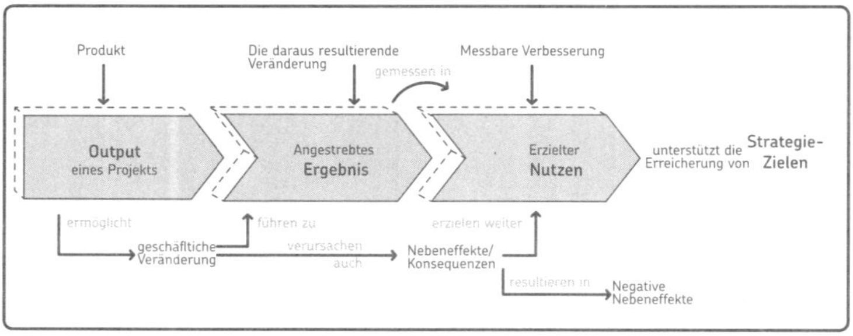

Der Business Case ist eines der wichtigsten Managementprodukte für die Steuerung und Überwachung eines Projekts. Alle Entscheidungen, die der Lenkungsausschuss im Laufe des Projekts treffen muss, basieren auch immer auf dem Business Case. Eigentümer des Business Case und damit verantwortlich für den Inhalt ist der Auftraggeber. Er hat die Ergebnisverantwortung für das Projekt inne und ist damit auch verantwortlich für die Inhalte des Business Case. Ist das Projekt Teil eines Programms, liegen die meisten benötigten Informationen für den Business Case bereits auf Programmebene vor und werden im Rahmen des Projektmandats übergeben.

Entwicklungspfad des Business Case

Abb. > Entwicklungspfad des Business Case based on AXELOS PRINCE2®material. Reproduced under licence from AXELOS.

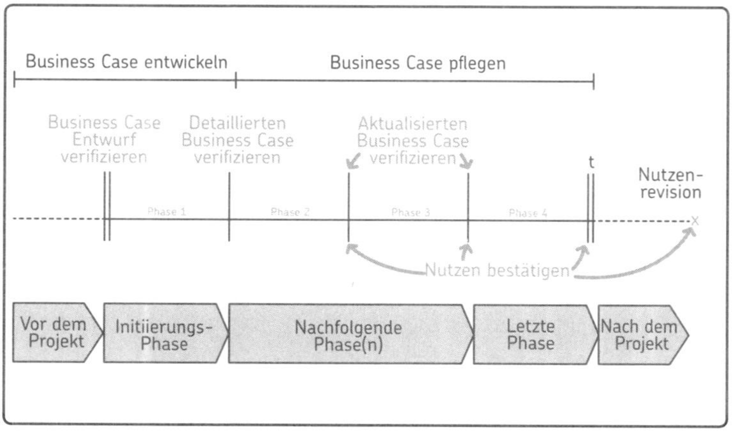

Der Business Case entwickelt sich über die Projektlaufzeit hinweg. PRINCE2 beschreibt dies in vier Abschnitten:

1. **Entwicklung** – Informationen zusammentragen, um eine Entscheidung zu ermöglichen.
2. **Verifizieren** – Bewerten, ob das Projekt lohnend ist.
3. **Pflegen** – Im Business Case wird der Projektfortschritt aktualisiert und Veränderungen im Projekt werden berücksichtigt.
4. **Bestätigung** – Bewertung, ob der ursprünglich erwartete Nutzen eingetreten ist bzw. während des Projektverlaufs, ob das Projekt auf dem richtigen Weg ist, den erwarteten Nutzen zu erzielen und/oder ob ggf. schon ein Teilnutzen erreicht wurde.

Business Case entwickeln

Im Prozess Vorbereiten eines Projekts wird vom Auftraggeber ein erster Entwurf des Business Case erstellt. Dies ist lediglich ein Entwurf und dient zur Einschätzung, ob eine genauere Planung dieser Projektidee sinnvoll ist, und somit eine Projektinitiierung freigegeben werden kann. Zu diesem Zeitpunkt sind weder die exakten Kosten noch der Zeitrahmen bekannt, da der Projektplan noch nicht erstellt worden ist. Im Gegensatz dazu werden die Gründe und der erwartete Nutzen bereits bekannt sein.

Mit der ersten Freigabe durch den Lenkungsausschuss beginnt die Projektinitiierung. Der Business Case wird vom Projektmanager auf Basis der Daten aus dem Projektplan verfeinert und wird damit wesentlicher Bestandteil der Projektleitdokumentation, dem Projektvertrag zwischen dem Projektmanagement und dem Lenkungsausschuss.

Business Case verifizieren / Business Case pflegen

Auf Basis des Business Case bzw. zunächst des Business Case Entwurfs bewertet und entscheidet der Lenkungsausschuss stets, ob sich das Projekt (noch) lohnt. Der Projektmanager wird im Rahmen des Prozesses Steuern einer Phase alle Ereignisse bewerten und die Auswirkungen auf den Business Case evaluieren. Dazu gehören offene Punkte (Probleme, Anliegen, Änderungsanträge und Spezifikationsabweichungen), Ausnahmen (Toleranzüberschreitungen)

oder auch Weisungen des Lenkungsausschusses. Spätestens zum Ende einer Phase muss die tatsächliche Entwicklung des Projekts mit dem Business Case abgeglichen und alle relevanten Information im Business Case aktualisiert werden. Der Projektmanager wird diese Aktualisierungen in enger Absprache mit dem Eigentümer des Business Case, also dem Auftraggeber, durchführen.
Zum Phasenübergang wird der Lenkungsausschuss den aktuellen Fortschritt beurteilen und ggf. die Veränderungen im Business Case bewerten. Dies bildet die Grundlage für die erneute Verifizierung des Business Case und die Freigabe der nächsten Phase.

Nutzen bestätigen

An jedem Phasenübergang wird anhand des Business Case geprüft, ob das Projekt auf dem richtigen Weg ist. Das bedeutet insbesondere zu bewerten, ob der erwartete Nutzen noch realisierbar ist, bzw. bereits ein oder mehrere Teilnutzen (wie geplant) realisiert werden konnten. Der Nutzenrevisionsplan wird entsprechend aktualisiert. Im Prozess Abschließen eines Projekts dient der Business Case als Grundlage, um den Nutzenrevisionsplan letztmalig zu aktualisieren. Die Nutzenrevision findet dann nach Ablauf des Projekts statt und bewertet, ob der erwartete Hauptnutzen tatsächlich eingetreten ist.

3.3 Organisation

In der Praxis werden oftmals Rollen zugewiesen, ohne die zugehörigen Aufgaben, Kompetenzen und Verantwortlichkeiten geklärt zu haben. Dies führt immer wieder zu Schwierigkeiten bei der Durchführung eines Projekts.
Das Thema Organisation in PRINCE2 zeigt auf, welche Rollen und Verantwortlichkeiten in einer Projektorganisation vorhanden sind, bzw. sein können und welche Aufgaben mit diesen Rollen verbunden sind.

PRINCE2 identifiziert vier hierarchische Management-Ebenen zur Steuerung eines Projekts:

1. Unternehmens- bzw. Programm-Management
2. Lenken
3. Managen
4. Liefern

Die Ebenen zwei, drei und vier umfassen alle Rollen des Projektmanagementteams. Lediglich die Ebene des Unternehmens- bzw. Programm-Managements ist außen vor.
Grundsätzlich spricht PRINCE2 nicht von Funktionen oder Posten, sondern von Rollen. Eine Rolle steht für einen bestimmten Aufgaben- und Verantwortungsbereich innerhalb des Projekts. Das bedeutet, dass Rollen auch kombiniert werden können und eine Person somit mehrere Rollen und die dazugehörigen Aufgaben und Verantwortlichkeiten inne hat. Die Person, die die Rolle des Projektmanagers ausführt, kann also bspw. auch die Rolle der Projektunterstützung und/oder des Teammanagers übernehmen. Eine Rolle kann aber auch von mehreren Personen besetzt werden, so z.B. beim Teammanager oder der Projektunterstützung. Ob alle Rollen besetzt werden bzw. wie die vorhanden Rollen aufgeteilt oder kombiniert werden, ist immer abhängig von der Art des Projekts. Bei kleineren Projekten kommt es durchaus vor, dass mehrere Rollen von einer Person getragen werden, während in größeren, komplexeren Projekten eine Rolle auf mehrere Personen verteilt wird. Folgende Regeln sind bei der Vergabe der Rollen allerdings zu beachten:

- Die Rolle des Auftraggebers ist einer einzelnen Person zuzuweisen.
- Die Rolle des Projektmanagers ist einer einzelnen Person zuzuweisen.
- Auftraggeber und Projektmanager sollten nicht planmäßig ausgetauscht werden, sondern möglichst bis zum Projektende durch die gleichen Personen besetzt bleiben.
- Die Projektsicherung muss immer unabhängig vom Projektmanager, Teammanager und von der Projektunterstützung sein, darf also nicht mit denselben Personen besetzt sein.

Abb. > Organisation based on AXELOS PRINCE2® material. Reproduced under licence from AXELOS.

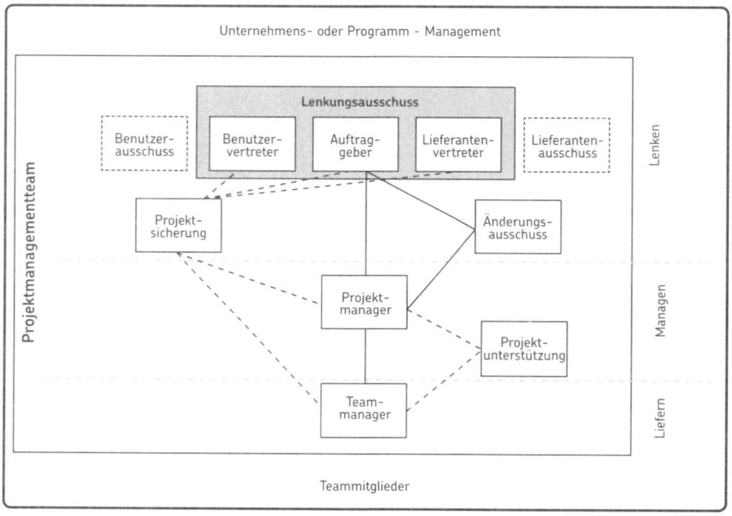

Das Projektmanagementteam

Im Prozess Vorbereiten eines Projekts (Starting up a Project - SU) wird, soweit das zu diesem Zeitpunkt möglich ist, das Projektmanagementteam entworfen und ernannt. Die Besetzung des Projektmanagementteams ist bis auf die Rolle des Auftraggebers und Projektmanagers über die gesamte Projektlaufzeit variabel und veränderbar. Bei jedem Phasenübergang kann es zu Veränderungen im Projektmanagementteam kommen. So können zum Beispiel Lieferanten nach der Lieferung eines Spezialistenprodukts aus dem Projekt ausscheiden und andere in der nächsten Phase

hinzukommen. Im Organigramm eines PRINCE2 Projekts sind keine Rollen auf der Ebene der Produktherstellung abgebildet. Lediglich die Koordination des Lieferprozesses ist mit der Rolle des Teammanagers beschrieben. Wie bereits erwähnt, liegt der PRINCE2 Fokus auf dem Management des Projekts und nicht auf der Erstellung der Produkte. Diese Perspektive kann und will PRINCE2 bei der Vielzahl unterschiedlicher Projekte in unterschiedlichen Branchen nicht leisten. Dementsprechend wird in PRINCE2 allein das Projektmanagementteam betrachtet, nicht das gesamte Projektteam oder die Teammitglieder.
Das Grundprinzip definierte Rollen und Verantwortlichkeiten besagt, dass alle wesentlichen Interessengruppen im Projekt vertreten sein sollten, und zwar auf oberster Entscheidungsebene innerhalb des Projektmanagementteams, nämlich im Lenkungsausschuss.

Es handelt sich hierbei um den sogenannten „BUS“:

- **Business- oder Unternehmensinteresse:** Die geschäftlichen Interessen.
- **User/Benutzerinteresse:** Die Interessen der Benutzer und Verwalter.
- **Supplier/Lieferateninteresse:** Die Interessen der internen und externen Lieferanten sowie (Sub-) Unternehmer.

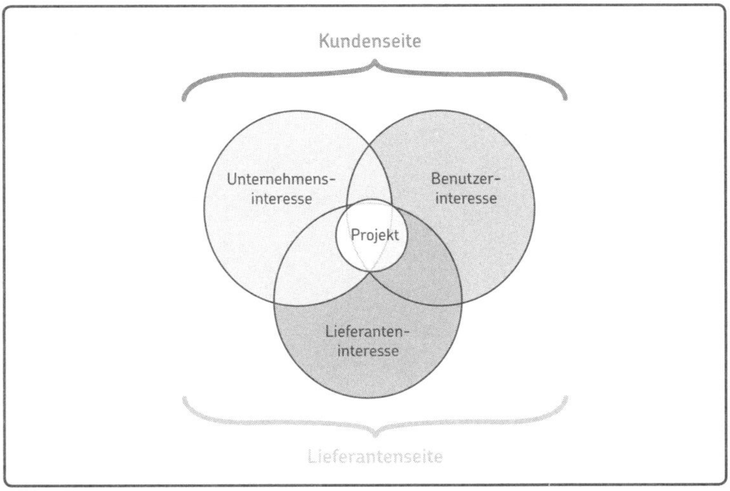

< Abb.
Die Interessenparteien eines Projekts aufgeteilt in eine Kundenseite und eine Lieferantenseite based on AXELOS PRINCE2® material.
Reproduced under licence from AXELOS.

Neben diesen drei Interessengruppen gibt es eventuell noch weitere Stakeholder außerhalb des Projekts, die identifiziert werden sollten. Das Projektmanagement hat die Aufgabe, auch diese Stakeholder – sofern sie als relevante Person/Personengruppe identifiziert worden sind - in der sogenannten Kommunikationsmanagementstrategie zu berücksichtigen.

Damit die Verantwortungsbereiche transparent sind und alle Mitglieder des Projektmanagementteams das gleiche Verständnis haben, werden Beschreibungen für alle Rollen erstellt. Die rollenrelevanten Aspekte, wie Aufgaben, Verantwortlichkeiten, Befugnisse, Toleranzen und notwendige Fähigkeiten werden darin näher beschrieben. PRINCE2 hat dafür im Anhang C des Originalbuchs fertige Vorlagen bereitgestellt. Auch wenn diese Vorlagen die Erstellung erleichtern, sollten sie dennoch individuell auf die Organisation und das Projekt angepasst werden.

Die einzelnen Rollen in PRINCE2 sind:

Lenkungsausschuss

Der Lenkungsausschuss ist gegenüber dem Unternehmens- bzw. Programmmanagement für die Lenkung und das Management des Projekts verantwortlich. Er hat die Gesamtverantwortung und Gesamtvollmacht für das Projekt. Zusätzlich verantwortet er die Kommunikation zwischen dem Projektmanagementteam und den Stakeholdern außerhalb des Projekts.

Der Lenkungsausschuss hat dafür Sorge zu tragen, dass alle benötigten Ressourcen (Spezialisten, Zeit, Kosten, Materialien etc.) zur Verfügung stehen. Die Mitglieder überwachen den Fortschritt, beurteilen Risiken, genehmigen Pläne und treffen in Ausnahmesituationen (Toleranzabweichungen) richtungsweisende Entscheidungen. Für die Praxis ist es wichtig, dass der Lenkungsausschuss mit ausreichender Autorität ausgestattet, zuverlässig, entscheidungsfreudig und vor allem erreichbar ist.

Abhängig von der Größe, Komplexität, Bedeutung und den Risiken des Projekts können die Mitglieder des Lenkungsausschusses eine Projektsicherung für ihre Interessen ernennen und einen Änderungsausschuss einsetzen, der stellvertretend über Änderungen bis zu einer definierten Größenordnung entscheidet.

Die drei wichtigsten Interessengruppen sind durch ihre Vertreter im Lenkungsausschuss vertreten. Da ist zum einen das Unternehmensinteresse, das vom Auftraggeber vertreten wird. Die Interessen der Benutzer des Endprodukts werden von einem oder mehreren Benutzervertretern repräsentiert, die Gruppe der Lieferanten – es kann auch nur einen Lieferanten geben – durch einen oder mehrere Lieferantenvertreter.
Prinzipiell sollte der Lenkungsausschuss nicht zu viele Vertreter haben, um die Entscheidungsfähigkeit nicht einzuschränken. Sind in komplexen Projekten viele Lieferanten und Benutzergruppen beteiligt und betroffen, können neben dem Lenkungsausschuss weitere Ausschüsse (Lieferanten- oder Benutzerausschuss) gegründet werden. Diese Ausschüsse entsenden dann z.B. zwei bis drei Vertreter in den Lenkungsausschuss.

Die drei unterschiedlichen Interessengruppen sind in zwei Lager geteilt, die Kundenseite und die Lieferantenseite. Die Kundenseite besteht aus Auftraggeber und Benutzervertreter und ist daran interessiert, dass die Vorgaben im Business Case zum Wohle der eigenen Organisation eingehalten werden. Die Lieferantenseite vertritt hingegen einen eigenen, unabhängigen Business Case. Das gilt auch für interne Lieferanten, denn auch hier soll mit möglichst wenig Aufwand das Vereinbarte geliefert werden.

Es ist empfehlenswert, die Rollen im Lenkungsausschuss mit Personen aus dem Management zu besetzen, die Entscheidungen fällen können und dürfen. Sollte eine Interessenvertretung ohne Entscheidungsbefugnisse im Lenkungsausschuss beteiligt sein, führt dies in der Regel zu erheblichen Verzögerungen.
Mit dieser Empfehlung geht auch einher, dass besagte Managementmitglieder in der Regel nicht genügend Zeit haben, sich um

das Tagesgeschäft zu kümmern und die Arbeiten des Projekt- und Teammanagements zu sichern. Daher können die einzelnen Lenkungsausschussmitglieder gesonderte, vom Projektmanagement unabhängige Projektsicherungen einsetzen, die einen Teil der Verantwortung der Rolle des Lenkungsausschusses übernehmen. Die Projektsicherung prüft und berät die Arbeit des Projekt- und Teammanagements und sorgt dafür, dass dem Lenkungsausschuss nur valide Informationen zur Entscheidungsfindung vorgelegt werden. Diese Option und die Einrichtung von Toleranzen sind wichtige Mittel, um zu gewährleisten, dass der Lenkungsausschuss nur zu wesentlichen Entscheidungen zusammenkommen muss. Somit stehen seine Ressourcen für andere Managementaufgaben innerhalb der Organisation zur Verfügung. Dieses System basiert auf dem Prinzip Steuern nach dem Ausnahmeprinzip.

Auftraggeber

Der Auftraggeber ist der Vorsitzende des Lenkungsausschusses, und er trägt als Eigentümer des Business Case die Verantwortung für das Projekt. Der Lenkungsausschuss ist kein demokratisches Gremium, sondern hat vielmehr eine beratende Funktion. Im Zweifel kann der Auftraggeber Entscheidungen auch gegen den Willen der anderen Mitglieder des Lenkungsausschusses durchsetzen. Hier gilt das sogenannte „Highlander- Prinzip". Es ist also abhängig von der Führung des Auftraggebers, inwieweit Benutzervertreter und Lieferantenvertreter bei der Entscheidungsfindung einbindet oder sie als reine Berater hinzuzieht.

Der Auftraggeber hat die Budgetverantwortung für das Projekt und ist somit für das richtige Kosten-Nutzen- und Preis-Leistungsverhältnis des Projekts verantwortlich. Auch wenn die Ergebnisverantwortung mit der Rolle des Lenkungsausschusses in Verbindung steht, so wird am Ende des Projekts diese aufgrund der Entscheidungsbefugnisse immer in Verbindung mit dem Auftraggeber betrachtet. Sollten also die gewünschten Ergebnisse mit dem gelieferten Endprodukt nicht erreicht werden, trägt der Auftraggeber die alleinige Verantwortung.

Er ist für die Organisationsstruktur, die Planung, die Überwachung und die Lösung von Problemen ergebnisverantwortlich. Er hat also dafür zu sorgen, dass das Projektmanagement die entsprechenden Maßnahmen ergreift und durchführt. Budgets mit Toleranzgrenzen werden von ihm definiert.
Der Auftraggeber ist häufig auch Bindeglied zwischen dem Projekt und seinem Umfeld. Schließlich ist er für den formalen Abschluss des Projekts und die Zuweisung der Verantwortung für die Durchführung der Nutzenrevision zuständig.
Andere Bezeichnungen für den Auftraggeber sind „Senior Responsible Owner" oder auch „Sponsor".

Benutzervertreter
Der Benutzervertreter repräsentiert im Lenkungsausschuss die Gruppe der Benutzer und die Betriebs- und Wartungsumgebung. Dabei ist zu beachten, dass z.B. bei einem großen Autohersteller, der ein neues Auto entwickeln und auf den Markt bringen möchte, nicht der „König" der Autofahrer im Lenkungsausschuss Platz nehmen wird. Vielmehr stellt sich die Frage, wer aus Business-Sicht mit dem gelieferten Produkt weiter arbeitet, es also benutzt. Im Falle eines Autoherstellers sind die Benutzer z.B. die spätere Fertigungsabteilung, die Marketingabteilung und/oder der Vertrieb. Alle werden mit dem neuen Auto arbeiten, nachdem es „live" gegangen ist.
Der Benutzervertreter ist für die Vollständigkeit der Produktanforderungen aus Sicht der Benutzer verantwortlich. Von ihm werden Ressourcen für die Qualitätsprüfungen und Abnahmen bereitgestellt, so dass gewährleitet ist, dass der im Business Case skizzierte erwartete Nutzen mit den Produkten auch wirklich realisiert werden kann.

Lieferantenvertreter
Der Lieferantenvertreter repräsentiert den einzelnen oder die Gruppe der Lieferanten im Lenkungsausschuss. Hier spielt es keine Rolle, ob es sich um interne oder externe Lieferanten handelt. Sollte es unangebracht sein, einen externen Lieferanten im „in-

ternen" Lenkungsausschuss zu beteiligen, kann z.B. ein Vertreter aus dem Supplier Management oder auch der Einkaufsleiter als entsprechender Vertreter ernannt werden.

Der Lieferantenvertreter ist für die Qualität der gelieferten Produkte und die rechtzeitige Lieferung verantwortlich. Er sollte die Anforderungen prüfen und bewerten, ob die Produkte rechtzeitig, in der vereinbarten Qualität und im Rahmen des Budgets geliefert werden können (Machbarkeit).

Der Lieferantenvertreter verantwortet die Verfügbarkeit der notwendigen Spezialistenressourcen mit den entsprechenden Kenntnissen und Fähigkeiten. Außerdem hat er dafür Sorge zu tragen, dass die Unternehmensstandards und vereinbarten Strategien von den Spezialisten eingehalten werden.

Der Lieferantenvertreter folgt in der Regel seinem eigenen Business Case, der nicht immer zum Business Case der Kundenseite passen muss.

Projektsicherung

Da die Verfügbarkeit der Lenkungsausschussmitglieder in der Regel eher gering ist, können die verschiedenen Interessenvertreter unabhängig voneinander eine Projektsicherung (Unternehmenssicherung, Benutzersicherung, Lieferantensicherung) einsetzen und damit einen Teil ihrer rollenspezifischen Verantwortung delegieren. Dabei ist zu beachten, dass die Projektsicherung absolut unabhängig vom Projekt- und Teammanagement sein muss.

Zu den Aufgaben der Projektsicherung gehört unter anderem:

- Prüfung, ob Qualitätsnormen und die Qualitätsplanung eingehalten werden
- Beratung der Projekt- und Teammanagementebenen
- Sicherung der richtigen Anwendung von PRINCE2
- Prüfung, ob schleichender Zuwachs vom Projektumfang vermieden wird
- Sicherung, dass Risiken identifiziert und richtig gemanagt werden
- Sicherstellung der Erfüllbarkeit des Business Case
- Prüfung, ob die Spezialisten richtig eingesetzt werden
- Sicherstellung, dass die Unternehmensstrategie berücksichtigt bleibt

- Sicherstellung, dass bei den Qualitätsanforderungen die Interessen der Benutzer berücksichtigt werden
- Prüfung, ob spezifische Interessen der Lieferantenseite berücksichtig sind (z.B. Sicherheitsaspekte oder Machbarkeit)

Die Besetzung der Rolle Projektsicherung ist optional. Wenn die Mitglieder des Lenkungsausschusses diese Rolle nicht an andere Personen delegieren können, muss der Lenkungsausschuss seinem vollständigen Verantwortungsbereich gerecht werden.

Änderungsausschuss

Der Änderungsausschuss ist ebenso eine Rolle deren Besetzung optional ist und die für Entlastung bei den Mitgliedern des Lenkungsausschusses sorgen soll.

Viele Projekte kämpfen mit einer Flut von Änderungsanfragen der Kundenseite sowie einer Reihe von qualitativen Abweichungen von den ursprünglich vereinbarten Qualitätskriterien, den sogenannten „Spezifikationsabweichungen". Diese Abweichungen sind nicht immer zu vermeiden, da viele Kunden erst im Projektverlauf die gewünschten Produkte genauer spezifizieren können oder ihnen Abhängigkeiten zu anderen Projekten klar werden. In solchen Fällen würde die Bewertung dieser Änderungen und die anschließende Entscheidung, wie damit umzugehen ist, schnell zu einer Vollbeschäftigung des Lenkungsausschusses führen. Denn Änderungen müssen immer vom Lenkungsausschuss genehmigt werden, wenn sich hieraus eine Abweichung von der genehmigten Baseline ergibt. Dieser Vorgang kann auch bei kleineren Änderungen sehr zeitaufwändig sein und zum Teil erhebliches Fachwissen voraussetzen. Der Lenkungsausschuss kann aus diesem Grund eine Gruppe oder Einzelperson als Änderungsausschuss einsetzen. Dieser Ausschuss bekommt einen Teil des Verantwortungsbereichs des Lenkungsausschusses übertragen und entscheidet eigenständig innerhalb eines definierten Rahmens (Umfang, Zeit, Kosten) über beantragte Änderungen oder Spezifikationsabweichungen sowie sonstige Bedenken und Anliegen.

In der Konfigurationsmanagementstrategie wird dokumentiert, wer in welchem Rahmen die Rolle des Änderungsausschusses übernimmt. Auch der Projektmanager kann für diese Rolle in Frage kommen.

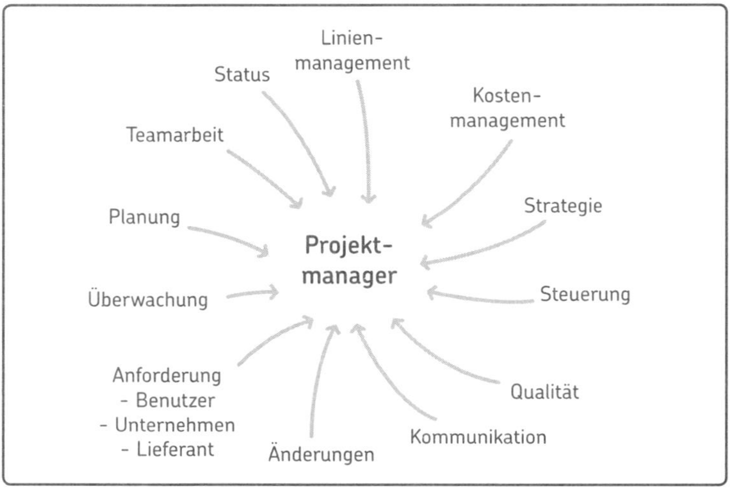

Abb. > Verantwortungsbereiche des Projektmanagers based on AXELOS PRINCE2® material. Reproduced under licence from AXELOS.

Projektmanager

Ein Projekt ist immer auf einen Projektmanager angewiesen, der die entsprechende Durchführungsverantwortung hat. Diese Rolle kann nur von einer Person besetzt werden.
Die Verantwortung des Projektmanagers lässt sich anhand des Steuerungszyklus verdeutlichen: Der Projektmanager plant, delegiert, überwacht und steuert das Projekt!

Seine Hauptaufgabe ist es, sicherzustellen, dass das Projekt die geforderten Produkte innerhalb der für Zeit- und Kostenaufwand, Qualität, Umfang, Risiken und Nutzen definierten Toleranzen erreicht.
Darüber hinaus verantwortet er die Lieferung des Endprodukts, durch das der im Business Case definierte Nutzen erzielt werden soll.
Innerhalb der gesetzten Toleranzen ist er befugt, das Projekt unabhängig zu managen und Entscheidungen zu treffen. Er verant-

wortet das Tagesgeschäft des Projekts und berichtet dem Lenkungsausschuss regelmäßig über den Fortschritt.
Der Projektmanager kann von der Lieferantenseite gestellt werden, auch wenn PRINCE2 dieses Vorgehen nicht empfiehlt. Stellt die Lieferantenseite den Projektmanager, ergibt sich automatisch Konfliktpotential, da der Projektmanager in diesem Fall die Verantwortung für den Business Case des Kunden und gleichzeitig des Lieferanten hat.

Teammanager
In einem PRINCE2 Projekt kann es einen oder mehrere Teammanager geben. Dies ist abhängig davon, an wie viele unterschiedliche Teams im Rahmen der Realisierung des Projekts Arbeitspakete übergeben werden.
Der Teammanager hat die Aufgabe, sein Team aus Spezialisten zu koordinieren und die Arbeitspakete wie mit dem Projektmanager vereinbart auszuführen. Der Teammanager berichtet dem Projektmanager regelmäßig über den Fortschritt. Zu den weiteren Verantwortlichkeiten des Teammanagers zählen:

- Erstellung des Teamplans
- Planung, Überwachung, Organisation und Steuerung der Arbeiten des Teams
- Eskalation in Form eines „Offenen Punkts" an den Projektmanager
- Ordnungsgemäße Umsetzung der Qualitätsaktivitäten
- Unterstützung des Projektmanagers bei der Projekt- und Phasenplanung, im Risiko- und Offene-Punkte-Management

Die Rolle des Teammanagers kann auch als „kleiner" Projektmanager auf der Ebene „Liefern" gesehen werden. Das ist insbesondere in komplexen Projekten der Fall, in denen der Umfang der Arbeitspakete denen kleiner Projekte entsprechen kann.

Die Besetzung der Rolle des Teammanagers ist optional. Insbesondere in kleineren, organisationsinternen Projekten kann der Projektmanager die Rolle des Teammanagers übernehmen. Hier sollte darauf geachtet werden, dass der Projektmanager diszipliniert beide Rollen trennt und keine von beiden vernachlässigt.

Projektunterstützung
Die Projektunterstützung übernimmt administrative Aufgaben und das Konfigurationsmanagement im Projekt.
Zu der administrativen Unterstützung gehören insbesondere:
- die Aktualisierung von Plänen
- Protokollierungen
- Sekretariatsaufgaben
- die Führung der verschiedenen Register und Protokolle

Im Rahmen des Konfigurationsmanagements ist die Projektunterstützung verantwortlich für:
- die Einrichtung der Projektordner
- die Verfahren zur Dokumentensteuerung
- die Archivierung von Produktkopien
- die Steuerung und Statusprotokollierung der Projektprodukte

Die Besetzung der Rolle der Projektunterstützung ist optional, die Verantwortlichkeiten müssen aber in jedem Fall zugewiesen werden. Insbesondere in kleineren, organisationsinternen Projekten übernimmt der Projektmanager die Aufgabe. Der Aufwand hierfür darf allerdings nicht unterschätzt werden.

3.4 Qualität

Qualität ist definiert als „die Gesamtheit der Leistungsmerkmale und der entsprechenden Eigenschaften eines Produkts, einer Person, eines Prozesses, einer Dienstleistung und/oder Systems, die bestimmen, ob das Produkt in der Lage ist, Erwartungen oder festgelegte Erfordernisse bzw. Spezifikationen zu erfüllen". Da PRINCE2 grundsätzlich von Produkten spricht, ist Qualität die Fähigkeit des Produkts, die gestellten Anforderungen zu erfüllen.
Die Anforderungen stehen für das, was zwischen zwei Parteien, z.B. Projektmanager und Auftraggeber, vereinbart wurde. Vereinfacht ausgedrückt geht es um die Erfüllung einer Vereinbarung, also darum, dass die Produkte den definierten Anforderungen entsprechen.

Mit dem Thema Qualität beschreibt PRINCE2 alle notwendigen Schritte und Verfahren, um am Ende des Projekts dem Kunden ein Produkt übergeben zu können, welches der vereinbarten Qualität entspricht. Dies mag einfach klingen, ist aber für die meisten Projekte eine große Herausforderung. Die Zahl der Projekte, die bei Projektabnahme Schiffbruch erleiden oder gar vor Gericht enden, ist sehr hoch.

Das Thema Qualität wird von vielen als unbequem empfunden, insbesondere angesichts des enormen Zeit- und Kostendrucks dem Projekte in der Regel unterliegen.
Allerdings kann man kaum von einem erfolgreichen Projekt sprechen, wenn das Projekt zwar im geplanten Zeit- und Kostenrahmen realisiert wird, allerdings das Endprodukt nicht die Erwartungen des Kunden erfüllt. Nachbesserungen sind dann häufig die Folge. Würde in diesem Falle der Business Case konsequent weitergeführt werden, würde sich das Projekt in vielen Fällen wohl nicht mehr rechnen.
PRINCE2 beschreibt daher ein Qualitätsmanagementsystem, in dem die wichtigsten Schritte zur Lieferung des Projektendprodukts in der vereinbarten Qualität aufgezeigt werden.

Qualitätsmanagement (System)

Das Qualitätsmanagementsystem beschreibt alle Aktivitäten, Techniken, Tools und Standards, die notwendig sind, um die Erwartungen des Kunden zu erfüllen.

Häufig findet man in großen Organisationen bereits definierte Qualitätsmanagementsysteme vor. Das Ziel dieser Systeme ist es, sicherzustellen, dass die Qualität der geleisteten Arbeit ausreicht, um einen Mehrwert für das Unternehmen zu erzeugen. Diese organisationsweiten Systeme sind ein wichtiger Eckpfeiler zur Sicherung der Qualität, die auch für Projekte eingesetzt werden.

Ist bereits ein Qualitätsmanagement in der Organisation vorhanden, muss nicht zwingend auf das Vorgehensmodell von PRINCE2 zurückgegriffen werden. In allen anderen Fällen ist das Qualitätsmanagementsystem von PRINCE2 ein Muss für den Projekterfolg.

Auf welches Qualitätsmanagementsystem zurückgegriffen wird und welche Aktivitäten und Techniken angewendet werden sollen, wird in der Qualitätsmanagementstrategie beschrieben. Sollten Lieferanten über eigene Standards und Verfahren verfügen, werden diese hier ebenfalls dokumentiert.

Qualitätssicherung

Ein Qualitätsmanagementsystem kann schnell sehr komplex werden. Umso wichtiger ist die Sicherung dieses Systems, d.h. die Überprüfung, dass die festgelegten Verfahren auch eingehalten werden. Es handelt sich also um eine prozesshafte Sicherung der einzelnen Schritte und nicht um eine Qualitätsprüfung eines spezifischen Produktes.

Die Qualitätssicherung wird durch das Unternehmen gestellt und ist unabhängig vom Projektmanagementteam. Sie kann aber trotzdem Aufgaben der Projektsicherung übernehmen. Umgekehrt wird eine Projektsicherung allerdings keine Aufgaben der Qualitätssicherung außerhalb des Projekts übernehmen.

Der Qualitätskontrollpfad

Der Qualitätskontrollpfad beschreibt alle Elemente des Qualitätsmanagementsystems, um am Ende des Projekts ein Produkt in

der vereinbarten Qualität zu liefern. Auch hier liegt der besondere Fokus auf den Produkten des Projekts.
Der Pfad ist unterteilt in zwei Bereiche, die Qualitätsplanung und Qualitätssteuerung.

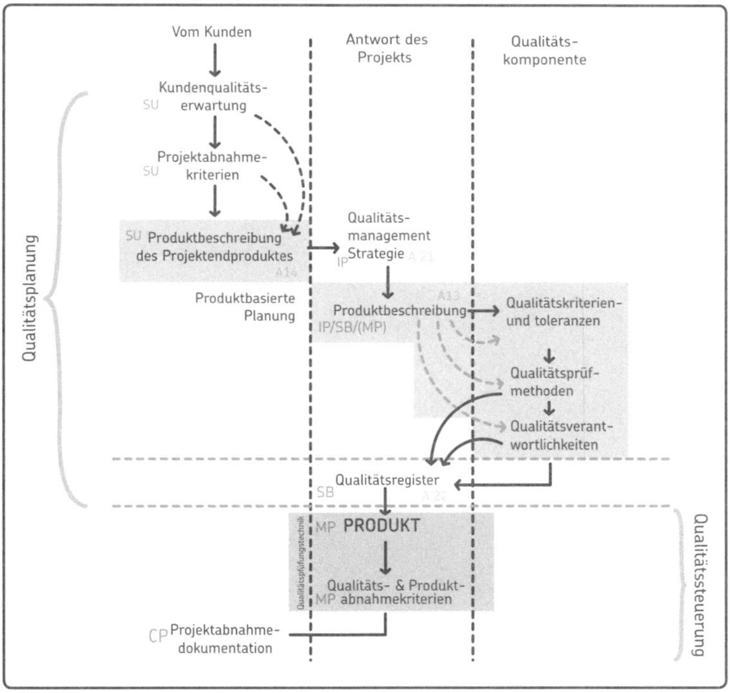

< Abb.
Qualitätspfad
based on AXELOS PRINCE2® material.
Reproduced under licence from AXELOS.

Qualitätsplanung

Die Qualitätsplanung legt die Qualitätsziele und die Anforderungen an die Qualität fest. Hier wird außerdem vorgegeben, wie das Qualitätsmanagementsystem anzuwenden ist.
Im Prozess Vorbereiten eines Projekts wird die Qualitätserwartung des Kunden abgefragt und festgehalten. Es ist für den Kunden leichter „weiche“ Faktoren in Bezug auf die Qualität zu formulieren. Wichtig ist jedoch, diese einzelnen weichen Faktoren in messbare und priorisierte Abnahmekriterien – also in „harte Fakten“ – zu übersetzen. Dies geschieht in Abstimmung zwischen Kunde (Auftraggeber und ggf. Benutzervertreter) und dem Projektma-

nager, von dem sowohl die Kundenqualitätserwartungen als auch die Projektabnahmekriterien in dem Managementprodukt „Produktbeschreibung des Projektendprodukts" dokumentiert werden. Dieser Schritt zu Beginn des Projekts ist von entscheidender Bedeutung, um Schwierigkeiten, z.B. Abnahmestreitigkeiten am Projektende zu vermeiden.
Im Prozess Initiieren eines Projekts wird auf Grundlage der Projektabnahmekriterien, des gewählten Projektlösungsansatzes und der eventuell vorhandenen Qualitätsstandards und -techniken die Qualitätsmanagementstrategie erstellt. Die Termine und Ergebnisse der Qualitätsprüfungen werden in dem Qualitätsregister dokumentiert.

Am Ende jeder Phase wird ein Phasenplan für die nächste Phase erstellt. Inhalt dieses Plans sind auch die Produktbeschreibungen der in dieser Phase zu erstellenden Produkte. Die Produktbeschreibungen beinhalten unter anderem die bei der Planung definierten Qualitätskriterien, die Qualitätstoleranz, die Prüfmethode, die notwendigen Kenntnisse der Prüfer und die Qualitätsverantwortlichen.

Qualitätssteuerung
Hauptaufgabe der Qualitätssteuerung ist sicherzustellen, dass die geplanten und erstellten Produkte die definierten Qualitätskriterien erfüllen. Alle Elemente, die zur Prüfung und Sicherstellung der Produktqualität zählen, sind qualitätssteuernd. Wesentlicher Bestandteil der Qualitätssteuerung ist die Anwendung der Qualitätsprüfungstechnik.

Durch die Planung der Qualitätsprüfungen für die Produkte der Folgephase am Ende jeder Phase wird sichergestellt, dass eine Steuerung erfolgt, d.h. anhand der Prüfungsergebnisse kann entschieden werden, ob das Produkt den Anforderungen gerecht wird oder es Nachbesserungen bedarf. Das Qualitätsregister wird mit den geplanten Prüfungsterminen aktualisiert.

Nachdem das Arbeitspaket ausgeführt und damit die Produkte erstellt wurden, kommt es zur Prüfung.
Die Prüfungsberichte werden im Qualitätsregister mit entsprechenden Verweisen auf die Dokumentation der durchgeführten Qualitätsaktivitäten zusammengefasst. Beim Abschluss des Projekts wird diese Dokumentation Teil der Projektabnahmedokumentation. Produkte können neben der (technischen) Produktprüfung auch von der Kundenseite zusätzlich gesondert abgenommen werden.

Qualitätsprüfungstechnik

Die Qualitätsprüfung ist eine von PRINCE2 empfohlene Möglichkeit zur Qualitätssteuerung. Die Qualitätsprüfungstechnik ist ein generisches Vorgehensmodell, das Produkte bezüglich der Qualitätskriterien aus den Produktbeschreibungen und der Eignung für das erwartete Ergebnis („fit for purpose") prüft. Nach einer erfolgreichen Prüfung steht das Produkt zur Abnahme durch die Kundenseite bereit.

Folgende Rollen sind in der Qualitätsprüfungstechnik zuzuweisen:

- Vorsitzender der Prüfung: Er lädt zur Prüfungssitzung ein und stellt sicher, dass die Prüfungstechnik dem Standard entsprechend durchgeführt wird. Kann auch von Projekt- oder Qualitätssicherung übernommen werden.
- Produktpräsentator: Kommt von der Lieferantenseite (Spezialist, Teamanager etc.) und kann Fragen der Prüfer zum Produkt beantworten.
- Prüfer: Verfügen über die in der Produktbeschreibung definierten Kenntnisse. Es kann einen oder mehrere Prüfer geben, die alle eigenständig und unabhängig von der Lieferantenseite sein sollten. Sie haben die Aufgabe, die Einhaltung der Qualitätskriterien zu überprüfen.
- Administrator der Prüfung: Koordiniert die Kommunikation der Beteiligten an der Prüfung und protokolliert die Prüfungssitzung und alle Ergebnisse.

Die Qualitätsprüfungstechnik erfolgt in drei Schritten:

Abb. > Qualitätsprüfungstechnik based on AXELOS PRINCE2® material. Reproduced under licence from AXELOS.

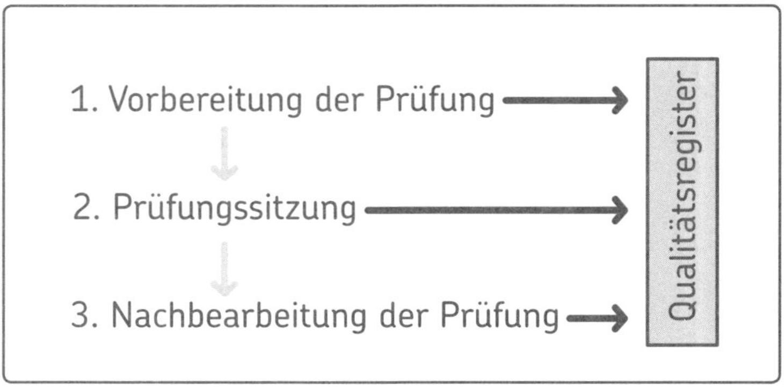

- Vorbereitung der Prüfung
- Qualitätsprüfungssitzung und
- Nachbereitung der Prüfung

Zur Vorbereitung der Prüfung zählt die Einladung aller Beteiligten, die Verteilung der zu prüfenden Produkte (bzw. wenn möglich Produktkopien) an die Prüfer und die eigentliche Durchführung der Prüfung.

Bei der Qualitätsprüfungssitzung kommen daraufhin alle Beteiligten zusammen. Die Prüfer können Fragen an den Produktpräsentator stellen und/oder Abweichungen von den Qualitätskriterien erläutern. Ziel der Prüfungssitzung ist es, ein einheitliches Verständnis des Prüfungsergebnisses zu erzeugen. Drei verschiedene Ergebnisse sind möglich:

- Fertig gestellt: Das Produkt weist keine Mängel auf und ist für den beabsichtigen Zweck geeignet.
- Bedingt fertig gestellt: Das Produkt ist, vorbehaltlich der auf der Prüfungssitzung vereinbarten Maßnahmen, für den beabsichtigten Zweck geeignet, also mit der Beseitigung kleinerer Mängel freigegeben.
- Unvollständig: Das Produkt muss nachgebessert werden und eine neue Qualitätsprüfung ist aufgrund erheblicher Mängel notwendig.

Die Nachbereitung umfasst die Kommunikation und Dokumentation inklusive Ablage der Prüfungsergebnisse, ggf. die erneute Qualitätsprüfung und bei positivem Ergebnis, soweit vereinbart, die Beantragung der Abnahme durch den Kunden.
Die formale Produktabnahme gehört nicht immer zum Ergebnis der Qualitätsprüfung.

3.5 Pläne

Das Thema Pläne zeigt, welche Pläne für ein effektives und effizientes Projektmanagement notwendig sind und wie diese erstellt werden.
PRINCE2 betrachtet verschiedene Planungsebenen im Projekt. Abhängig von der Planungsebene werden verschiedene Erwartungen und Anforderungen an den jeweiligen Plan gestellt. Die verschiedenen Planungsebenen stimmen mit den unterschiedlichen Hierarchien aus dem Thema Organisation überein. Die Planungsebenen lauten:

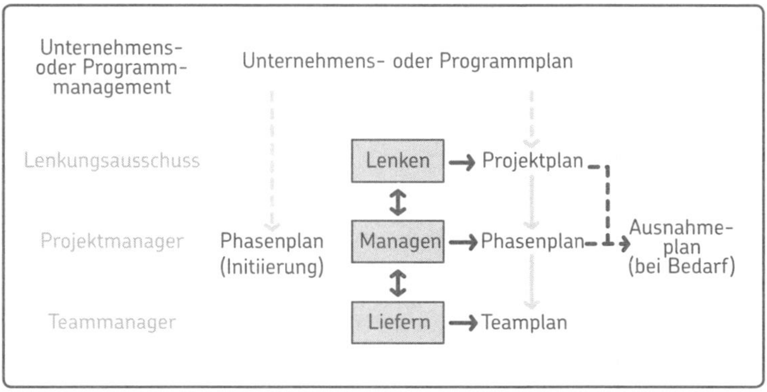

< Abb. Planungsebenen based on AXELOS PRINCE2® material. Reproduced under licence from AXELOS.

Lenken – Lenkungsausschuss – Projektplan
Managen – Projektmanagement – Phasenplan
Liefern – Teammanagement – Teamplan

Ziel ist, jeder hierarchischen Ebenen des Projektmanagementteams den spezifischen Plan an die Hand zu geben, der alle für die Ebene relevanten Informationen bereithält, so dass die entsprechend de-

legierte Verantwortung auch wahrgenommen werden kann.
Der Lenkungsausschuss sollte einen Plan haben, der alle notwendigen Informationen enthält, um der Ergebnisverantwortung gerecht zu werden. Dieser Plan enthält nicht alle Details, aber ermöglicht eine gute Managementübersicht über die Fortschritte und Fertigstellung der Hauptprodukte. In PRINCE2 erfüllt diese Aufgabe der Projektplan.
Neben dem Projektplan gibt es noch den Phasenplan, den Teamplan, der optional ist und – nur wenn angefordert – den Ausnahmeplan.
Die Grundstruktur der verschiedenen Pläne ist immer gleich, auch wenn die Planungstiefe und damit der Detailgrad sich - abhängig von der Planungsebene - unterscheidet. Eine Ausnahme stellt der Teamplan dar, der auch als reine Checkliste geführt werden kann
Wichtige Inhalte der Pläne sind:

- Produktbeschreibungen der zu liefernden Produkte
- Laufzeit des Plans
- Abhängigkeiten (z.B. zu externen Produkten, anderen Projektphasen, anderen Projekten)
- Geschätzter Ressourcenbedarf (Zeit, Kosten, Mitarbeiter etc.) und Toleranzen
- Steuerungs- und Überwachungsmechanismen
- Bedingungen und Annahmen
- Bewertung des Plans

Im Sinne von PRINCE2 dokumentiert ein Plan, wie, wann, von wem und mit welchem Aufwand ein bestimmtes Ergebnis erzielt wird. Die Planung wird immer mit dem Business Case abgestimmt. Das bedeutet, dass eine Planung den Business Case nicht gefährden darf und die Fortführung des Projekts weiterhin gerechtfertigt bleibt.
Pläne sind die Basis des Kommunikations- und Informationssystems in jedem PRINCE2 Projekt. Wann welche Informationen planmäßig von einer Instanz zur nächsten zu liefern sind, wird der Planung entnommen.

< Abb.
Zusammensetzung eines Plans
based on AXELOS PRINCE2® material.
Reproduced under licence from AXELOS.

Der Projektplan wird vom Projektmanager mit der Unterstützung der Lieferantenseite im Prozess Initiieren eines Projekts erstellt und vor jedem Phasenübergang aktualisiert. Adressat des Projektplans ist der Lenkungsausschuss. Aus diesem Grund spiegelt der Projektplan auch nicht alle Details des Projekts wider, sondern beschränkt sich auf die wesentlichen Ergebnisse, die Hauptprodukte und dokumentiert die Anzahl der Managementphasen des Projekts, mit deren Hilfe der Lenkungsausschuss den Fortschritt des Projekts überwacht, lenkt und steuert.
Die wesentlichen Inhalte des Projektplans sind:

- Wer erzielt wann, wie, welches Ergebnis
- Die wichtigsten zu liefernden Produkte, Aktivitäten und Ressourcen
- Zeit, Kosten, Umfang und vereinbarte Qualität

Abweichungen vom Plan aktualisiert der Projektmanager bei jedem Phasenübergang. Der (aktualisierte) Projektplan ist für den Lenkungsausschuss ein weiteres wichtiges Hilfsmittel, um zu entscheiden, ob das Projekt weitergeführt wird oder vorzeitig abgeschlossen werden sollte. Genehmigt der Lenkungsausschuss den Projektplan, wird dieser zur „Baseline“, also eingefroren. Jede Veränderung kann nur durch einen Änderungsantrag initiiert werden, welcher durch die Änderungssteuerung geprüft und nach Genehmigung durch die entsprechende Instanz realisiert wird.

Ein Projektplan ist für jedes PRINCE2 Projekt verpflichtend. Selbst in kleinen oder sehr kurzen Projekten ist ein Projektplan zu erstellen. Allerdings ist dann oftmals der Projektplan ausreichend und der Phasenplan kann ggf. wegfallen.

Phasenplan

Ein Phasenplan ist für den Projektmanager eines der wichtigsten Projektmanagement-Werkzeuge, um den Projektalltag (Daily Business) zu steuern und den Projektfortschritt zu überwachen. Für jede Phase im Projekt ist ein Phasenplan Pflicht – mit Ausnahme von Projekten mit zwei Phasen, bei denen ein detaillierter Projektplan ausreichend ist.

Die Planungsinhalte des Phasenplans sind detailreicher als im Projektplan und identifizieren Produkte, die an den oder die Lieferanten in Form von Arbeitspaketen übergeben werden können. Dabei spielt die „Größe" der Produkte nicht die wesentliche Rolle, sondern vielmehr der entsprechende Lieferant und der Umfang des Arbeitspakets, welches mit ihm vereinbart wird.
Der Phasenplan wird im Prozess Managen eines Phasenübergangs (SB) vom Projektmanager erstellt. Auch hier wird der Projektmanager nicht in „Einzelarbeit" einen Plan erstellen, sondern die Lieferantenteams der folgenden Phase zur Unterstützung heranziehen. Gesichert und überprüft durch die Projektsicherung und technisch unterstützt durch die Projektunterstützung wird der Phasenplan anschließend dem Lenkungsausschuss zur Freigabe vorgelegt. Der Lenkungsausschuss kann anhand des Phasenplans und des aktualisierten Projektplans entscheiden, ob er die nächste Phase freigibt.
Nach der Freigabe wird der Phasenplan automatisch eingefroren und kann nur durch einen entsprechenden Änderungsantrag, der vom Lenkungsausschuss oder ggf. Änderungsausschuss genehmigt wurde, angepasst werden.

Teamplan (optional)

Ein Teamplan umfasst alle notwendigen Informationen für die Realisierung eines oder mehrere Arbeitspakete, die vom Projektmanager an den Teammanager übergeben wurden. Der Teamplan ist optional. Ob ein Teamplan erstellt wird, ist abhängig vom Umfang, der Komplexität der auszuführenden Arbeiten und von den notwendigen Ressourcen.

Der Teamplan wird im Prozess Managen der Produktlieferung (MP) vom Teammanager erstellt. In der Praxis kann der Teamplan auch vorab oder parallel zur entsprechenden Phasenplanung entworfen und im Prozess Managen der Produktlieferung verfeinert bzw. finalisiert werden.

Der Teamplan ermöglicht dem Teammanager, seine Teammitglieder (Spezialisten) zu koordinieren und zu steuern. Abhängig vom Umfang der zu planenden Arbeiten kann das Verfahren zur Herstellung eines Plans oder ein externes Planungsvorgehen vom Lieferanten angewendet werden. Bei weniger umfangreichen Arbeiten kann eine Produktcheckliste ausreichend sein. Die unterschiedlichen Anforderungen innerhalb der Arbeitspakete sind der Grund, warum der Teamplan optional ist.

Ausnahmeplan

Ausnahmepläne werden gesondert vom Lenkungsausschuss angefordert, sobald ein genehmigter Phasenplan und eventuell der damit verknüpfte Projektplan die Toleranzen überschreitet oder droht zu überschreiten. Der Anforderung vorausgegangen ist eine Eskalation vom Projektmanager an den Lenkungsausschuss in Form eines Ausnahmeberichts.

Wie kommt es zu einem Ausnahmebericht?

Werden die Toleranzen eines Arbeitspakets vom Teammanagement nicht eingehalten, so wird ein sogenannter „Offener Punkt" an den Projektmanager gemeldet. Dieser prüft auf Ebene des Phasenplans alle Offenen Punkte und deren Auswirkung auf seine Toleranzen. Sollten diese bedroht sein, muss ein Ausnahmebericht an den Lenkungsausschuss eskaliert werden. Kann der Projektmanager innerhalb der Phasentoleranzen den Offenen Punkt lösen, berichtigt er das Arbeitspaket (Anhang A1) in Form einer Korrekturmaßnahme. Im Eskalationsfall prüft der Lenkungsausschuss den Ausnahmebericht, welcher eine Empfehlung des Projektmanagers enthält, wie mit der Eskalation umgegangen werden kann. Sollten die Projekttoleranzen bedroht sein, muss der Lenkungsausschuss die Ausnahme an das Unternehmens- oder Programmmanagement eskalieren.

Ein Ausnahmeplan wird auf die gleiche Art erstellt (vgl. Schritte zur Erstellung eines Plans) und beinhaltet die gleiche Informationsstruktur, wie der Plan, der ersetzt werden soll. Zusätzlich sind Angaben enthalten, warum ein Ausnahmeplan erstellt wurde.
Sobald ein Ausnahmeplan vom Lenkungsausschuss genehmigt wird, tritt die Ausnahmeplanung an die Stelle der vorherigen betroffenen Pläne und gilt als der maßgebliche Phasen- und/oder Projektplan. Die Freigabe durch den Lenkungsausschuss „friert" die neue Planung ein und eine neue Baseline mit neuer Versionsnummer bildet die Basis für die Durchführung der Phase.
Auf der Ebene des Teamplans gibt es keinen Ausnahmeplan.

Schritte zur Erstellung eines Plans

Das Erstellen der Pläne ist keine Aufgabe, die der Projektmanager alleine löst. Vielmehr ist er maßgeblich auf den Input seiner Fachleute aus den Teams angewiesen. Daher ist es durchaus möglich, dass die Planung in Form von Workshops stattfindet, um ein gemeinsam abgestimmtes Ergebnis zu erzielen. Parallel prüft und sichert die Projektsicherung das Planungsvorgehen.
Maßgeblich für den Projekterfolg ist immer das zu liefernde Produkt (Projektendprodukt). Das ist der Grund, warum PRINCE2 die Produkte eines Projekts immer in den Fokus stellt, getragen von dem Grundprinzip der Produktorientierung.
Dieses Prinzip richtet alle Aktivitäten eines PRINCE2-Projekts auf das zu liefernde Endprodukt aus. Folgerichtig muss auch die Planung eines PRINCE2-Projekts dies berücksichtigen.
Mit dem PRINCE2 Planungsvorgehen, welches in der Praxis durchaus durch ein etabliertes Vorgehensmodell ersetzt werden kann,

wird jeder der oben beschriebenen Pläne erstellt. Das heißt, ganz gleich ob ein Projektplan in Initiieren eines Projekts, ein Phasen- oder Ausnahmeplan in Managen eines Phasenübergangs oder ein Teamplan in Managen der Produktlieferung zu erstellen ist, es werden immer die „Schritte zur Erstellung eines Plans" angewendet. Folgende Aktivitäten sind Bestandteil:

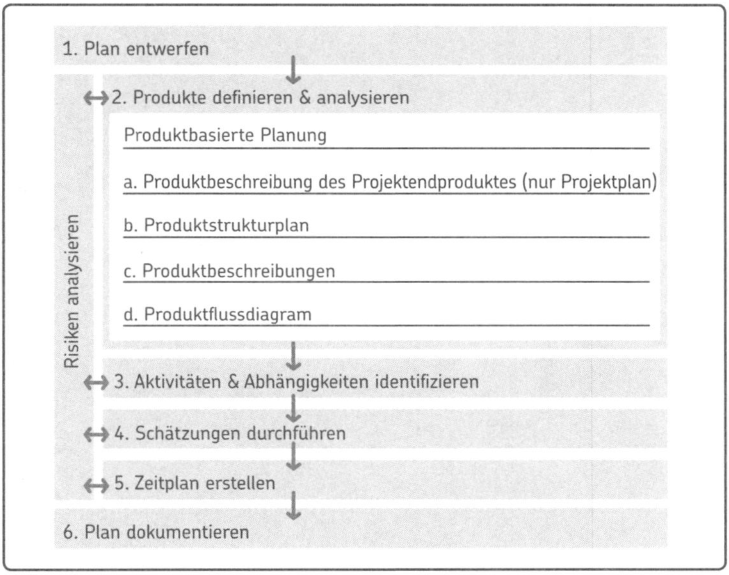

< Abb.
Schritte zur Erstellung eines Plans based on AXELOS PRINCE2® material.
Reproduced under licence from AXELOS.

Plan entwerfen

Diese Aktivität wird gerne missverstanden. Es geht weniger darum, einen Plan tatsächlich zu entwerfen, als vielmehr darum, alle notwendigen Voraussetzungen zu berücksichtigen und zu standardisieren. Es wird definiert, welche Bedingungen ein Plan und dessen Erstellung zu erfüllen hat:

- Planungstiefe
- Darstellung und Format (Gantt-Diagramme, Kritischer Pfad, Netzwerkplan, etc.)
- Planungswerkzeuge
- Schätzverfahren
- Überwachungs- und Steuerungsmechanismen
- Zu berücksichtigende Unternehmens- oder Programmstandards.

Zusammengefasst ist der Output dieses Schrittes eine Art Planungsrichtlinie, die für alle folgenden Pläne gilt. Wenn die Planungsrichtlinie erstellt wurde, so gilt diese als definierter Standard und die Aktivität muss für dieses Projekt nicht wiederholt werden, es sei denn, aufgrund gemachter Erfahrungen ist eine Optimierung notwendig.

Produkte definieren und analysieren

Der zweite Schritt bei der Erstellung eines Plans identifiziert die herzustellenden Produkte in der der Planungsebene entsprechenden Granularität. Dies geschieht durch Anwendung der produktbasierten Planung. Diese bekannte und über viele Jahre bewährte Technik besteht aus vier Schritten und wird für alle Pläne und Planungsebenen angewendet.

1. Produktbeschreibung des Projektendproduktes erstellen (nur Projektplan)

Im Prozess Vorbereiten eines Projekts erstellt der Projektmanager die Produktbeschreibung des Projektendproduktes in Zusammenarbeit mit dem Auftraggeber und – wenn bereits vorhanden – mit dem Benutzervertreter (ggf. auch mehrere Personen). Die Produktbeschreibung des Projektendproduktes definiert, was das Projekt letztendlich liefern muss. Mit ihr werden Umfang und Anforderungen des Projekts mit dem Auftraggeber vereinbart, die Qualitätserwartungen dokumentiert und die Projektabnahmekriterien und -methoden definiert. Im Prozess Initiieren eines Projekts kann die Beschreibung weiter im Rahmen der Projektplanerstellung verfeinert werden.
Die Produktbeschreibung des Projektendprodukts dient in der produktbasierten Planungstechnik als Ausgangspunkt für den Produktstrukturplan.

2. Produktstrukturplan erstellen

Bei der Erstellung eines Produktstrukturplans wird das Endprodukt des Projekts und ggf. die Produkte einer Phase bzw. eines Arbeitspakets hierarchisch in ihre Bestandteile

zerlegt. Ziel ist es, alle notwendigen Teil- oder Einzelprodukte zu identifizieren, die zur Erstellung der Endprodukte benötigt werden. Die Detailtiefe wird durch die Planungsebene bestimmt. So wird auf der Ebene des Projektplans das Endprodukt des gesamten Projekts vermutlich lediglich in seine Hauptprodukte aufgebrochen.
Die Darstellung eines Produktstrukturplans kann variieren.

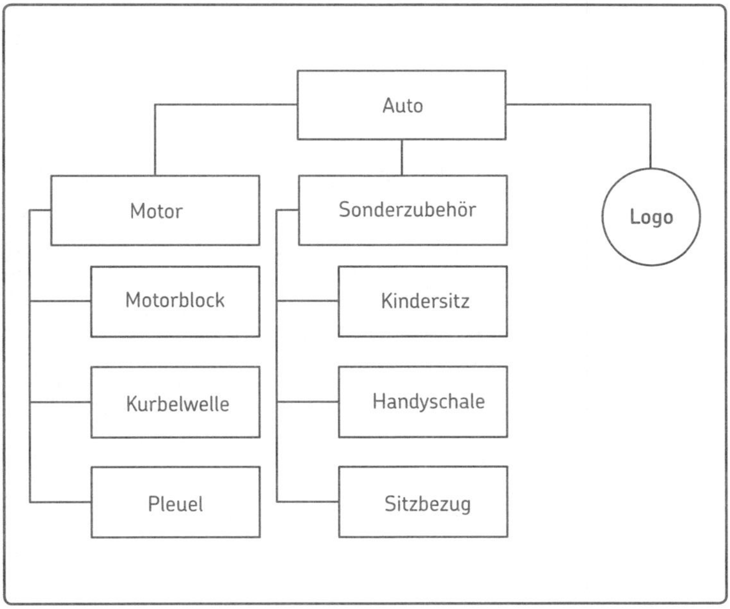

< Abb.
Beispiel für einen Produktstrukturplan based on AXELOS PRINCE2® material.

Die klassische Darstellung zeigt das Endprodukt an oberster Stelle und hängt die Teilprodukte und wiederum deren Teilprodukte jeweils an das übergeordnete Produkt an. Auch die Darstellung in Form einer Mindmap ist möglich.
Die Produkte werden in verschiedene Kategorien unterteilt, die zur besseren Übersichtlichkeit auch unterschiedlich dargestellt werden:

Rechtecke:	Einfaches Produkt oder (Integrations-) Produkt
Sonderformen oder Markierungen:	Produktgruppe
Ellipsen oder Kreise:	Externes Produkt

Einfache Produkte sind normale, vom Projekt zu liefernde Produkte, die einer Qualitätsprüfung unterzogen und vom Kunden gesondert abgenommen werden können. Auch das Projektendprodukt wird als Produkt im Produktstrukturplan dargestellt.
Produktgruppen sind keine Produkte im eigentlichen Sinn, sondern lediglich eine zusammenfassende Beschreibung oder eine Möglichkeit der Sortierung. Produktgruppen können verschiedene (einfache) Produkte unter einem Thema zusammenführen. Diese Produktgruppe enthält lediglich einen Titel/Bezeichnung und ist somit auch nicht qualitativ prüfbar. Produktgruppen müssen daher auch nicht in Produktflussdiagramme (siehe nächster Schritt) übernommen werden.
Produkte, die bereits bestehen oder außerhalb des Projektumfangs liegen, werden externe Produkte genannt. Der Projektmanager ist für die Erstellung dieser externen Produkte nicht verantwortlich und kann diese durch seine Planungen nicht beeinflussen.
Zur Unterstützung der Übersichtlichkeit können auch unterschiedliche Farben eingesetzt werden, die z.B. für Teams stehen, die diese Produkte liefern müssen, für Produkte verschiedener Phasen oder auch der Unterscheidung zwischen Produktgruppe und (einfachem) Produkt dienen.

3. Produktbeschreibungen erstellen

Für alle im Produktstrukturplan identifizierten Teilprodukte werden Produktbeschreibungen erstellt. Anfangs ist dies nicht mehr als ein Name und eine eindeutige ID. Eine vollständige Produktbeschreibung umfasst folgende Informationen:

- Identifikation
- Titel (Name)
- Zweck – verfolgte Absicht
- Zusammensetzung – Auflistung der Bestandteile
- Herkunft/Ableitung
- Darstellung und Form
- Notweniger Kenntnisse der Entwickler
- Qualitätskriterien - welche Anforderungen muss das Produkt erfüllen
- Qualitätstoleranz – Spielraum bei der Einhaltung der Qualitätskriterien
- Qualitätsmethode – wie wird Qualität gemessen
- Qualitätsfähigkeiten – welche Fähigkeiten benötigt die Qualitätsmessung
- Qualitätsverantwortlichkeiten – wer prüft und wer genehmigt

Es sind speziell die Qualitätskomponenten, die dieses Managementprodukt besonders wertvoll machen. Ziel ist es, die Teilprodukte ebenfalls einer Qualitätsprüfung zu unterziehen und zu überprüfen, ob die definierten Qualitätskriterien aus der Produktbeschreibung eingehalten wurden. Sind die Teilprodukte in der vereinbarten Qualität geliefert worden, steigt die Möglichkeit, dass auch das Endprodukt seine Qualitätskriterien erfüllt und vom Kunden abgenommen wird.
Hier zeigt sich die Produktorientierung von PRINCE2 deutlich. Dieses Vorgehen ist bei aktivitätsbasierten Planungen nicht möglich, weil es sehr schwierig ist, Aktivitäten qualitativ messbar zu machen.
Für die Erstellung der Produktbeschreibungen ist der Projektmanager verantwortlich. Das entsprechende Team unterstützt den Projektmanager und die Projektsicherung berät und sichert die Ergebnisse. Alle Produktbeschreibungen sind Bestandteil des Plans, werden gemeinsam mit dem Plan bewertet und vom Lenkungsausschuss freigegeben.
In kleinen Projekten kann es ausreichend sein, nur eine Produktbeschreibung des Endprodukts zu erstellen.

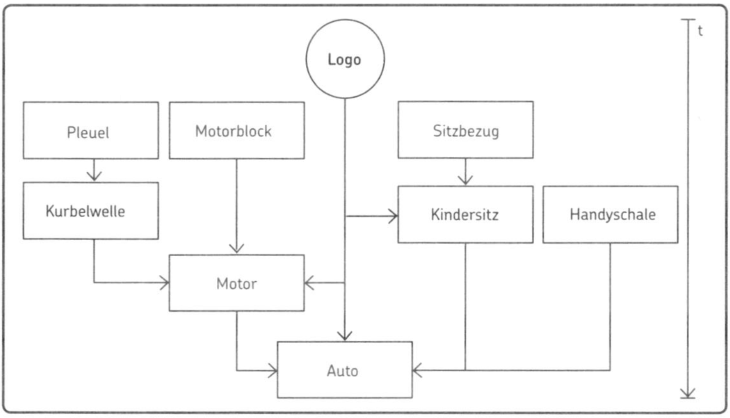

Abb. > Beispiel für ein Produktflussdiagramm based on AXELOS PRINCE2® material.
Reproduced under licence from AXELOS.

4. Produktflussdiagramm erstellen.
Das Produktflussdiagramm bringt die Produkte des Produktstrukturplans in eine zeitliche Abfolge. Welche Produkte können bis wann hergestellt werden?
Welches Produkt muss bereits vorhanden sein?
Welche Produkte können gleichzeitig hergestellt werden?
Die Dauer der Herstellung ist an dieser Stelle noch nicht wichtig, lediglich die zeitlichen Abhängigkeiten.
Das Produktflussdiagramm bildet die Basis für eine spätere Zeitschiene im Plan mit den entsprechenden Aufwänden und zeigt deutlich Abhängigkeiten, auch z.B. zu anderen Projekten auf (externe Produkte).
Produktgruppen werden in das Produktflussdiagramm nicht übernommen. Sollten bei der Erstellung noch fehlende Produkte identifiziert werden, müssen diese im Produktstrukturplan ergänzt werden.

Aktivitäten und Abhängigkeiten identifizieren

Sobald nun die Produkte definiert und die Abhängigkeiten mit der produktbasierten Planung identifiziert worden sind, müssen die notwendigen Aktivitäten (auch Projekt- und Qualitätsmanagement) für die Erstellung der Produkte bestimmt werden. Es ist ebenfalls wichtig, interne und externe Abhängigkeiten auf Risiken zu prüfen sowie deren Einfluss auf die Planung.

Schätzungen durchführen.

Nachdem die Identifikation der für die Herstellung der Produkte notwendigen Aktivitäten erfolgt ist, können in enger Zusammenarbeit mit dem Teammanagement die Ressourcen geschätzt werden. Der Begriff Ressource umfasst Zeit, Kosten, Arbeitskraft und sonstige notwendige Mittel.

Es gibt eine ganze Reihe von Schätzverfahren, die angewendet werden können. Welche im jeweiligen Projekt genutzt werden sollte, wird im Aktivitätsschritt „Plan entwerfen“ festgelegt.

Einige Schätzverfahren, auf die PRINCE2 verweist:

- Top-Down-Schätzungen: Die Einschätzung einer Gesamtsituation wird in verschiedene Teilbereiche aufgespalten
- Bottom-Up-Schätzungen: Eine Reihe Detaileinschätzungen wird zu einem Gesamtbild aggregiert
- Vergleichende Schätzung: Vergleiche anhand historischer Datensätze
- Parameter–Schätzung: Die Schätzung erfolgt auf Basis nachprüfbarer Parameter
- Dreipunkt–Schätzungen: Ein bestes, ein wahrscheinliches und ein schlechtes Szenario werden eingeschätzt
- Delphi-Technik: Durch Befragung verschiedener Stakeholder wird eine Schätzung durchgeführt
- Brainstorming: Sammlung verschiedener Schätzungen ohne diese vorab zu qualifizieren

Zeitplan aufstellen

Auf Basis der Ressourcenschätzung wird ein erster Zeitplan erstellt und in der verabredeten Form dargestellt (z.B. Gantt-Chart). Zu den wesentlichen Punkten zählt:

- Prüfung der optimalen Reihenfolge der Aktivitäten unter Berücksichtigung der Abhängigkeiten und Laufzeiten
- Prüfung der Ressourcenverfügbarkeit und gleichzeitige Zuweisung
- Definieren von Steuerungsmitteln für den Plan
- Bestimmung von Milestones (Meilensteinen)
- Berechnung der benötigten Mittel und des Budgets

Risiken analysieren
Während der Planungsaktivitäten sind permanent durch die Planung aufgedeckte und mit der Planung verbundene Risiken zu prüfen. Dies kann zur Folge haben, dass Zwischenergebnisse immer wieder angepasst werden müssen. Dies geschieht so lange, bis ein von allen Seiten tragbares Planungsergebnis mit einer handhabbaren Risikosituation erzielt wurde. Ist das nicht der Fall, verbleibt die Planung im Status „Entwurf".
Identifizierte Risiken werden im Plan ausgewiesen und im Risikoregister inklusive der gewählten Maßnahmen dokumentiert.
Bekannte Risikoursachen, die bei der Erstellung von Plänen auftauchen können sind:
- Wenig Flexibilität in der Planung
- Fehlende Ressourcen
- Undurchsichtige externe Abhängigkeiten
- Unwissen auf der Lieferantenseite

Plan dokumentieren
Der letzte Planungsschritt beinhaltet eine Zusammenführung der Planungsergebnisse in einem Dokument. Die Bestandteile eines PRINCE2 Plans sind:
- Planbeschreibung
- Planvoraussetzung
- Externe Abhängigkeiten
- Annahmen
- Zugrundeliegende Erfahrungen
- Überwachung und Steuerung
- Budgets
- Toleranzen
- Produktbeschreibungen
- Zeitplan

Abschließend ist eine persönliche Bewertung der Planungsergebnisse und Darstellung der durchgeführten Planungsaktivitäten durch den Projektmanager hilfreich, um zu verstehen, wie er zu dem Plan gekommen ist.

3.6 Risiken

Risikomanagement ist eines der wichtigsten Bausteine für erfolgreiches Projektmanagement. Leider gibt es immer noch eine ganze Reihe von Projekten, die wegen fehlerhaftem oder nicht vorhandenem Risikomanagement scheitern oder Schwierigkeiten bekommen. Da der Verlauf von Projekten aber grundsätzlich nicht genau vorhersagbar ist, bedarf es gezielter Maßnahmen, die Risikosituation eines Projekts zu beherrschen. Wie „groß" ein Risiko ist, ist nicht ausschlagegebend, um die Handlungsbedarf zu identifizieren. Auch vermeintlich kleine Risiken können den Projektfortschritt bei deren Eintreten erheblich stören. Effektives Risikomanagement ist eine Voraussetzung für das Prinzip der fortlaufenden geschäftlichen Rechtfertigung.

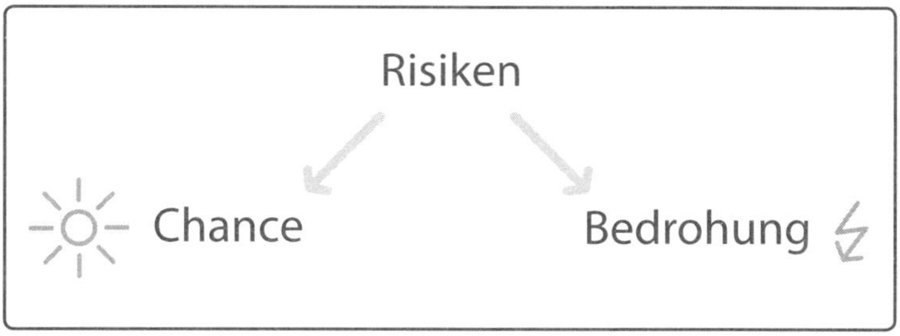

< Abb.
Risiko: Entweder Chance oder Bedrohung based on AXELOS PRINCE2® material.

Ein Risiko ist definiert als ein Ereignis, dessen Eintreten ungewiss ist, aber Auswirkungen auf die Erreichung der Ziele haben wird. Anders gesagt, handelt es sich um eine Unsicherheit in Bezug auf das Ergebnis.
Gegenteilig zum Sprachgebrauch ist ein Risiko nicht immer mit negativen Konsequenzen verbunden. Da es sich schlicht um eine Unsicherheit handelt, kann ein Risiko eine Chance und/oder eine Bedrohung sein.

Für erfolgreiches Risikomanagement ist die richtige Risikodefinition entscheidend. In den Risikoprotokollen vieler Projekte sind die Risiken selten richtig definiert. Meist beschränkt sich die Risikobeschreibung auf ein Wort, z.B.

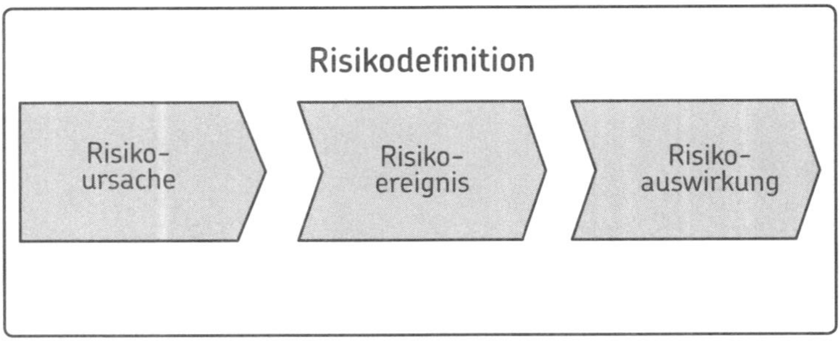

Abb. > Risikodefinition based on AXELOS PRINCE2® material. Reproduced under licence from AXELOS.

Ressourcenausfall. Dabei handelt es sich nicht um das vollständige Risiko und ist für eine genaue Risikobetrachtung nicht ausreichend. Eine vollständige Risikodefinition benennt den Auslöser, also die Risikoursache. Dann folgt das Ereignis, welches zu erwarten ist, wenn die Ursache eintritt. Abschließend wird die Auswirkung des Ereignisses auf das Projekt beschrieben.
Diese Definition hilft bei der Bewertung des Risikos und der Auswahl von geeigneten Maßnahmen – siehe Schritt „Planen" im Risikomanagementprozess.
Nicht immer sind zu Beginn alle Elemente bekannt (so z.B. die Risikoursache), sie sollten aber stets alle berücksichtigt und fehlende Informationen nachträglich dokumentiert werden.

Der Auftraggeber ist der „Eigentümer" des Risikomanagements, da er für das Ergebnis des Projekts verantwortlich ist. Der Projektmanager ist für die Durchführung verantwortlich.
Risikomanagement sollte auf allen Ebenen, d.h. sowohl auf der operativen sowie der Projekt-, Programm- und strategischen Ebene einer Organisation durchgeführt werden. Die strategische Ebene handelt im Rahmen von Risikomanagement in der Regel chancenorientiert.

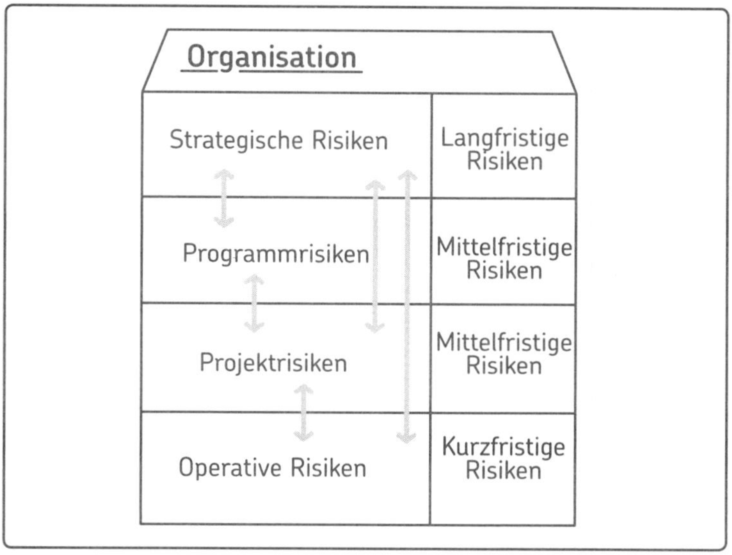

< Abb.
Vier Unternehmensebenen der Risikobetrachtung
based on AXELOS PRINCE2® material.
Reproduced under licence from AXELOS.

Risikomanagementverfahren

PRINCE2 sieht ein zyklisches Verfahren vor, das aus fünf Aktivitäten besteht. Es ist aus dem offiziellen Best Practice M_o_R (Management of Risk) abgeleitet. Dieses Verfahren wird regelmäßig angewendet, soweit dies durch die Prozesse oder Techniken von PRINCE2 vorgesehen ist.

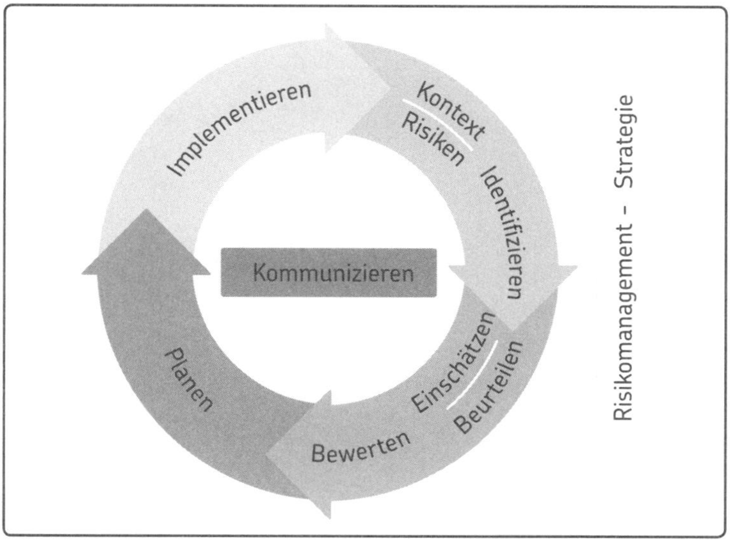

< Abb.
Risikomanagement Prozesszyklus
based on AXELOS PRINCE2® material.
Reproduced under licence from AXELOS.

1. Identifizieren

Der Schritt „Identifizieren" ist in zwei Aktivitäten unterteilt:

- Kontext identifizieren
- Risiken identifizieren

Kontext identifizieren hat das Ziel, Informationen über das Umfeld des Projekts zusammenzustellen:

- Wie sieht das organisatorische Umfeld aus?
- Gibt es eine unternehmensweite Risikomanagement Policy?
- Welche Stakeholder gibt es?
- Welche Bedeutung hat das Projekt für den Kunden?
- Welche Komplexität und welchen Umfang hat das Projekt?
- Welche Erwartungen hat der Kunde?

Diese Informationen werden gesammelt und in der Risikomanagementstrategie dokumentiert. Eine vollständige Analyse des Projektkontextes ist eine wichtige Grundlage für den Erfolg des Risikomanagements. So gehen z.B. viele Risiken für das Projekt von den Stakeholdern aus. Ist die Analyse der Stakeholder fehlerhaft, werden im Resultat auch nicht alle Risiken identifiziert werden können.

In der Risikomanagementstrategie wird die projektbezogene Risikotoleranzgrenze festgeschrieben. Dabei ist es wichtig, die Balance zwischen der Risikosituation des Projekts und dem erwarteten Nutzen zu finden und eine Grenze zu definieren, bei deren Überschreitung eine Eskalation an den Lenkungsausschuss erfolgen muss. In diesem Zusammenhang ist die Bereitschaft des Lenkungsausschusses Unsicherheiten zu akzeptieren eine wichtige Grundlage, um die allgemeine Risikobereitschaft für das Projekt zu definieren. Diese Grenze zeigt auf, ab wann es grundsätzlich notwendig ist, Risikomanagementaktivitäten durchzuführen. Am Ende jeder Phase, beim Managen eines Phasenübergangs, wird die Risikomanagementstrategie auf diese Aspekte hin beurteilt und bei Bedarf angepasst.

„Risiken identifizieren" hat zum Ziel, Bedrohungen und Chancen zu erkennen und vollständig zu definieren. Jedes Risiko wird im Risikoregister mit Risikoursache, Risikoereignis und Risikoeffekt dokumentiert. Mit den Stakeholdern können die identifizierten Risiken betrachtet und ggf. Frühwarnzeichen für das Risiko identifiziert werden

2. Bewerten

Der Schritt „Bewerten" ist ebenfalls in zwei Aktivitäten unterteilt:
- Einschätzen
- Beurteilen

„Einschätzen" hat die individuelle Beurteilung von Bedrohungen und Chancen zum Ziel. Hier werden die Eintrittswahrscheinlichkeit, die Auswirkung und die Eintrittsnähe unter Anwendung verschiedener Techniken (z.B. Wahrscheinlichkeitsbäume, Expected Value oder Probability Impact Grid) ermittelt.
Die Eintrittswahrscheinlichkeit zeigt anhand einer Skala, wie wahrscheinlich es ist, dass eine Bedrohung oder Chance eintritt. Diese wird in Prozent angegeben. Die Auswirkung beziffert den Schadens- oder Gewinnwert, der durch das Risiko entsteht. Die hier verwendeten Skalenwerte sind meist Euro oder Dollar.
Die Eintrittsnähe bestimmt den zeitlichen Horizont, wie bald Bedrohungen oder Chancen eintreten können. Der Status könnte z.B. lauten: „Bevorstehend", „noch in der Phase" oder „noch im Projekt".
Eine gängige Technik die Ergebnisse der Risikoeinschätzung zu präsentieren, und zu dokumentieren, ist das Probability Impact Grid (Wahrscheinlichkeits- und Auswirkungsmatrix). Hier werden Eintrittswahrscheinlichkeit und Auswirkung in einer Matrix gegenübergestellt und miteinander multipliziert. Die Risikotoleranzgrenze wird überschritten, sobald ein bestimmter Wert oberhalb dieser Grenze in der Matrix liegt.

Abb. >
Risikobewertungsmatrix based on AXELOS PRINCE2® material.
Reproduced under licence from AXELOS.

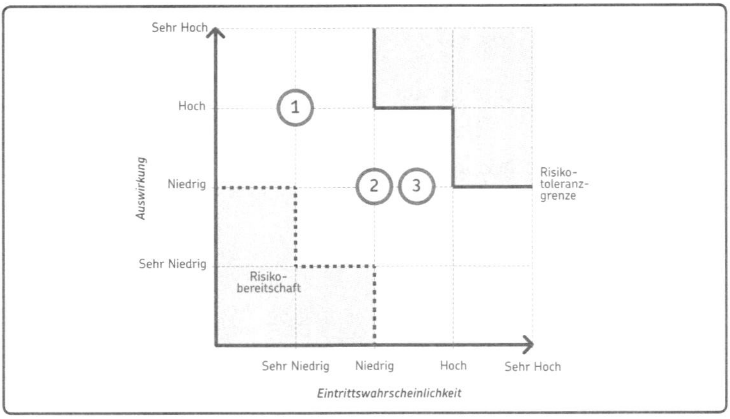

„Beurteilen" hat zum Ziel, die Auswirkungen aller Bedrohungen und Chancen eines Projekts in ihrer Gesamtheit zu bewerten. Dadurch kann ein genereller Schweregrad der Risikosituation des Projekts erstellt werden. Dieser zeigt auf, ob die Gesamtrisikobelastung immer noch innerhalb der festgelegten Toleranzen ist oder der Lenkungsausschuss Maßnahmen ergreifen muss.

Bekannte Techniken, die hier verwendet werden können, ist die Analyse des erwarteten Geldwertes oder verschiedene Simulationen, wie die Monte-Carlo-Analyse.

3. Planen

Auf Basis der Ergebnisse aus dem Schritt „Bewerten", werden verschiedene Behandlungsoptionen und Maßnahmen für das identifizierte Risiko untersucht. Dabei sollte beachtet werden, dass der Nutzen und die Kosten der gewählten Maßnahme in einem angemessenen Verhältnis zum Risiko selbst stehen. Es ist – abhängig von der Risikobehandlung – möglich, dass nach der Implementierung einer Maßnahme ein Restrisiko bestehen bleibt oder bestimmte Aspekte des Projekts verändert werden, was wiederum sogenannte Sekundärrisiken hervorrufen kann. Das Restrisiko und die Sekundärrisiken müssen in diesem Fall neu bewertet und über die Folgemaßnahmen entschieden werden.

Chancen	Bedrohungen
Ergreifen	Vermeiden
Steigern	Reduzieren
	Eventualplan
	Übertragen
Teilen	
Ablehnen	Akzeptieren

< Abb.
Chancen und Bedrohung based on AXELOS PRINCE2® material.

Die Maßnahmen werden gemäß der Differenzierung eines Risikos in Bedrohung und Chance auch in zwei Kategorien unterteilt.
Für die Kategorie Bedrohung können folgende Arten der Risikobehandlung gewählt werden:

- **Vermeiden**: Die hier gewählte Präventivmaßnahme führt dazu, dass das Risiko keinerlei Rolle mehr für das Projekt spielt. Üblicherweise sind dazu Änderungen im Projekt notwendig.
- **Reduzieren**: Hier werden proaktive Maßnahmen ergriffen, durch die die Eintrittswahrscheinlichkeit und/oder die Auswirkung der Bedrohung verringert wird.
- **Eventualplan:** In diesem Falle wird ein Eventualplan erstellt, indem alle Maßnahmen definiert und geplant werden für den Fall, dass das Risiko eintritt. Dies ist somit keine proaktive Maßnahme wie „Reduzieren", sondern eine reaktive, die keinen Einfluss auf die Wahrscheinlichkeit hat. Für die Durchführung dieser Planung kann ein gesondertes Budget bereitgestellt werden.
- **Übertragen**: Die finanzielle Auswirkung, sollte das Risiko eintreten, wird zum Teil oder vollständig von einer dritten Partei übernommen, und zwar typischerweise von einer Versicherung.
- **Akzeptieren**: Aus z.B. ökonomischen Gründen oder da sich Auswirkung und Wahrscheinlichkeit in einem für das Projekt annehmbaren Rahmen bewegen, wird die Bedrohung bewusst hingenommen. Dies ist jedoch nicht mit einem Ignorieren des Risikos gleichzusetzen. Vielmehr wird das Risiko weiter überwacht.

- **Teilen**: Das Risiko wird zwischen den an dem Projekt beteiligten Parteien gleichermaßen aufgeteilt (Gain-Pain-Sharing-Modell). Im Fall von Bedrohungen werden bei Eintritt die Verluste geteilt.

Für Chancen können folgende Risikobehandlungen gewählt werden:

- **Ergreifen**: Die positiven Auswirkungen werden realisiert.
- **Steigern**: Hier werden Maßnahmen ergriffen, die die Eintrittswahrscheinlichkeit oder die Auswirkung der Chance erhöhen.
- **Ablehnen**: Die Chance wird z.B. aus ökonomischen Gründen nicht wahrgenommen.
- **Teilen**: Das Risiko wird zwischen den beteiligten Parteien gleichermaßen aufgeteilt (Gain-Pain-Sharing-Modell). Im Fall von Chancen wird der Gewinn bei Eintritt geteilt.

Es ist zwingend zu prüfen, welche Auswirkung die gewählte Maßnahme auf den Projektplan (Anhang A12), den Phasenplan (Anhang A12), das Arbeitspaket (Anhang A1), den Business Case (Anhang A3) und das Unternehmens- und/oder Programmmanagement hat.

4. Implementieren

Dieser Schritt setzt die gewählte Maßnahme um und prüft ihre Effektivität. Gegebenenfalls müssen korrigierende Maßnahmen ergriffen oder eine neue Maßnahme durchgeführt werden.

Der Projektmanager, der generell für die Durchführung des Risikomanagements verantwortlich ist, wird nicht in der Lage sein, alle identifizierten Risiken eigenständig zu überwachen und die entsprechenden Maßnahmen umzusetzen. Hier ist es sinnvoll, Personen mit entsprechenden Fachkenntnissen einzusetzen. Daher werden im Schritt „Implementieren" zwei Rollen zugewiesen, die das Risikomanagement unterstützen.

- **Risikoeigentümer**: Er ist für die Überwachung und Beurteilung eines bestimmten Risikos verantwortlich. Ihn kennzeichnet besonderes Wissen über das Risiko oder besondere Nähe zum Risiko aus.
- **Risikobearbeiter**: Unterstützt den Risikoeigentümer und führt die identifizierte(n) und gewählte(n) Maßnahme(n) durch.

Beide Rollen können von der gleichen Person übernommen werden. Soweit inhaltlich sinnvoll, können auch Mitglieder des Projektmanagementteams Rollen aus dem Risikomanagement zugewiesen bekommen.

5. Kommunizieren

Dieser Schritt sorgt für den ausreichenden Informationsfluss über die Risikosituation bei internen und externen Stakeholdern. Unterstützt durch die Kommunikationsmanagementstrategie, wird eine geregelte interne und externe Kommunikation in Bezug auf die Risikosituation des Projektes festgelegt.

Das Risikoregister dokumentiert die Ergebnisse aller Schritte des Risikomanagements. Es ist das zentrale Dokument für das Risikomanagement, ein Abbild der aktuellen Risikobelastung des Projekts und wird ständig aktualisiert. Das Risikoregister wird im Prozess Initiieren eines Projekts angelegt und in dem Prozess Abschließen des Projekt geschlossen.

Risikobudget

Ein Risikobudget ist optional – allerdings sehr wichtig und sinnvoll. Das Risikobudget, wenn vorhanden, ist eine im Projektbudget bereitgestellte Summe, die speziell für die Durchführung der beschlossenen Maßnahmen für Chancen und Bedrohungen reserviert ist.

Das für den Eventualplan zu berücksichtigende Budget ist ebenfalls dem Risikobudget zuzuordnen, bleibt aber bis zur Umsetzung des Eventualplans gesperrt (da reaktiv).
Sollte kein Risikobudget von der Kundenseite bereitgestellt werden, muss jede Risikomaßnahme vom Kunden bzw. Unternehmen gesondert finanziert werden.

3.7 Änderung

Änderungen am Umfang des Projekts, den zu liefernden Produkten oder auch den Plänen sind in Projekten an der Tagesordnung. Abgesehen davon, dass vielen Kunden ihre eigene Erwartungshaltung erst während des Projektverlaufs deutlich wird, führen auch Faktoren wie z.B. Markt- und Branchenveränderungen dazu, dass sich die Anforderungen an das Projektendprodukt oder die Teilprodukte ändern. Änderungen ermöglichen daher auch, dass während der Projektlaufzeit flexibel auf bestimmte interne und externe Faktoren reagiert werden kann, damit das Projektendprodukt letztlich „fit for purpose" bleibt - typischerweise kommen daher die meisten Änderungsanträge vom Kunden.
Auch wenn Änderungen, insbesondere für den Projektmanager, Mehraufwand bedeuten, zählt die Abwicklung zum Tagesgeschäft des Projekts. Entscheidend ist, dass Änderungen entsprechend geprüft und ggf. gesteuert umgesetzt werden.

Das Thema Änderungen zeigt, wie Änderungen gesteuert und transparent durchgeführt werden, welche Verantwortungen die einzelnen Beteiligten haben und welche Aufgabe das Konfigurationsmanagement für das Projekt – auch bei der Durchführung von Änderungen – erfüllen muss.

Offener Punkt und Änderungssteuerung
Durch das Verfahren der Änderungssteuerung wird in PRINCE2 nicht nur jeder Änderungsantrag bearbeitet, sondern alle offenen Punkte. Jedes unerwartet eingetretene Ereignis ist ein offener Punkt.

Es gibt drei Arten von offenen Punkten:
- Änderungsantrag: Ein Antrag auf Änderung einer Baseline.
- Spezifikationsabweichung: Ein Produkt, das nicht der vereinbarten Qualität entspricht oder entsprechen wird.
- Problem/Anliegen: Alle übrigen Ereignisse, die die Aufmerksamkeit des Projektmanagements benötigen.

Jedes Projekt bestimmt die genaue Ausgestaltung des Verfahrens auf Basis des Projektkontexts.

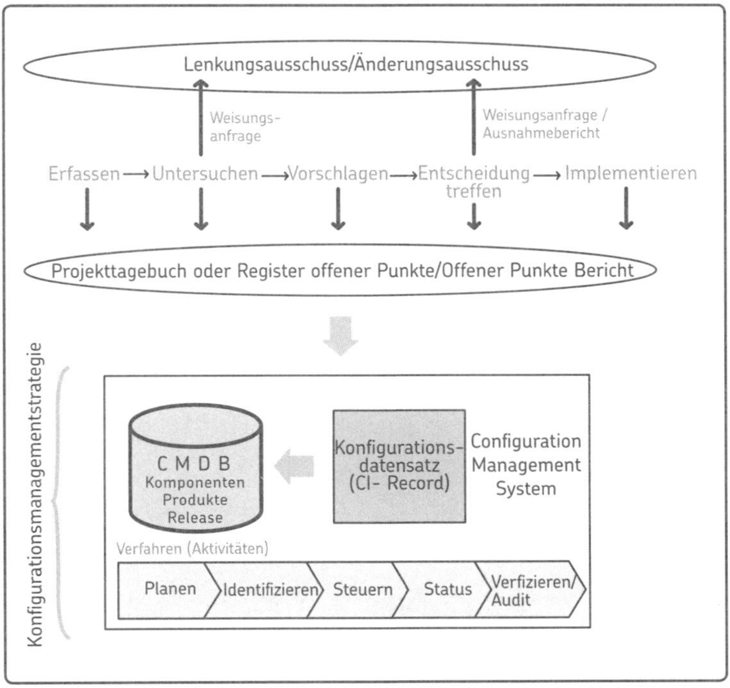

< Abb.
Änderungssteuerung und Konfigurationsmanagement based on AXELOS PRINCE2® material.
Reproduced under licence from AXELOS.

Erfassen

Folgende Kernaktivitäten werden durchgeführt:

- Bestimmen des offenen Punkt Typs (Änderungsantrag, Spezifikationsabweichung oder Problem/Anliegen).
- Festlegung des Schweregrads und der Priorität des offenen Punkts.
- Bestimmen, ob der offene Punkt formell oder informell behandelt werden soll. Informelle offene Punkte sollten vom Projektmanager im Projekttagebuch dokumentiert werden. Entscheidet sich der Projektmanager einen offenen Punkt formell zu bearbeiten, wird er diesen im Register offener Punkte festhalten und einen Offener-Punkt-Bericht erstellen. Anhand eines Offener-Punkt-Berichts wird die komplette Steuerung dokumentiert:

  - Ergebnis der Auswirkungsanalyse und wirtschaftlichen Prüfung
  - Empfehlung an den Lenkungs- oder Änderungsausschuss
  - Erfolgte Genehmigung (Lenkungsausschuss oder Änderungsausschuss)
  - Status der Implementierung

Mit dem Schließen des Offener-Punkt-Berichts wird auch der Eintrag im Register offener Punkte geschlossen. Das Register offener Punkte ist eine fortlaufende Aufzeichnung von Informationen über formelle offene Punkte.

Untersuchen

Folgende Kernaktivitäten gehören zur Untersuchung eines offenen Punkts:

- Prüfen der Auswirkung des offenen Punktes auf
  - die Projektziele für Zeit, Kosten, Qualität und Umfang.
  - den Business Case und damit einhergehend den erwarteten Nutzen.
  - die Risikobelastung des Projekts.

Die Ergebnisse der Untersuchungen sollten mit den Vorstellungen und Einschätzungen des Lenkungsausschusses in Bezug auf Mehrwert für die Organisation, Spezifikation und Einhaltung der Anforderung sowie Machbarkeit abgestimmt werden.
Die Untersuchungsergebnisse helfen, den Schweregrad und die Priorität des offenen Punktes besser einzuschätzen.

Vorschlagen

Diese Aktivität hat zum Ziel, unterschiedliche Optionen für die Behandlung des offenen Punktes aufzuzeigen.

- Es werden alternative Optionen, wie mit dem offenen Punkt umgegangen werden kann, geprüft.
- Jede Option wird hinsichtlich Zeit, Kosten, Qualität, Umfang, Nutzen und Risiken bewertet.
- Es werden Empfehlungen für jede Option gegeben.

Entscheiden

Der Lenkungsausschuss entscheidet über die vorgeschlagenen Optionen. Sollte das betreffende Produkt noch nicht eingefroren sein (Baseline) und die Änderungen kein Überschreiten der Toleranzen verursachen, kann der Projektmanager eigenständig entscheiden. In allen anderen Fällen entscheidet der Lenkungsausschuss oder, wenn eingesetzt, der Änderungsausschuss - dann allerdings nur innerhalb seines zugewiesenen Kompetenzrahmens. Die vorgeschlagene Option wird wie eine Weisungsanfrage in Form eines Offener-Punkt-Berichts zum Lenkungsausschuss eskaliert. Sollte allerdings die Implementierung einer Option zu einer Ausnahmesituation führen, wird ein Ausnahmebericht eskaliert.

Implementieren

Der Projektmanager wird die zur Ausführung der Implementierung notwendigen Schritte einleiten.

- Einleiten einer Korrekturmaßnahme in Form eines aktualisierten oder neuen Arbeitspakets oder der Erstellung eines Ausnahmplans (sofern vom Lenkungsausschuss angefordert) und dem Lenkungsausschuss zur Genehmigung vorlegen.

Die Entscheidung des Lenkungsausschusses wird im Offener-Punkt-Bericht dokumentiert, und alle Stakeholder des offenen Punktes werden informiert.

Ist der offene Punkt abgeschlossen, werden das Register offener Punkte und der Offener-Punkt-Bericht mit dem entsprechenden Status aktualisiert.

Änderungsausschuss

Der Lenkungsausschuss kann zu seiner Entlastung einen Änderungsausschuss benennen, der Teile der Verantwortung zur Änderungsprüfung und -genehmigung übertragen bekommt. Diese Rolle, welche besser als Autorität verstanden werden sollte, kann von einer oder mehreren Personen übernommen werden.

Der Änderungsausschuss kann innerhalb eines definierten Rahmens über Änderungen entscheiden. Meist sind das Zeit und/ oder Kostengrenzen innerhalb deren entschieden werden darf. Es

könnte auch ein entsprechendes Änderungsbudget für eine Phase vom Lenkungsausschuss als Limit festgelegt werden.
Das Änderungsbudget ist ausschließlich für die Umsetzung von Änderungen vorgesehen und wird im jeweiligen Plan dokumentiert.
Durch einen Änderungsausschuss und ein Änderungsbudget entstehen weniger Eskalationen aufgrund von Änderungsanträgen. Dies entlastet den Lenkungsausschuss.
Jeder Änderungsantrag muss sorgfältig geprüft werden, um die Auswirkung auf den Nutzen beurteilen zu können. Grundsätzlich sollte eine Änderung nur vorgenommen werden, wenn dies eine positive Auswirkung auf den Business Case hat. Das ist der Fall, wenn Vorteile der Änderung die Mehraufwände der Implementierung auffangen und diese überwiegen.

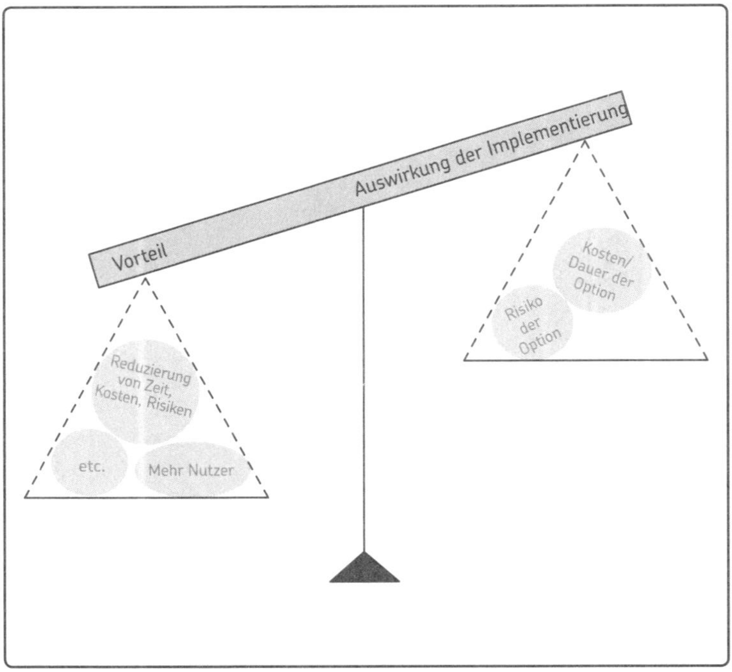

Abb. > Bewertung eines offenen Punktes

Konfigurationsmanagement

Konfigurationsmanagement beschreibt alle Aktivitäten, die notwendig sind, um die Konfiguration der Produkte, Produktgruppen und Produktkomponenten zu erstellen, zu pflegen und effektiv bei Änderungen zu steuern. Es handelt sich im klassischen Sinne um die Verwaltung der Produkte und deren genaue Konfiguration (Ausprägung).

Wichtige Begriffsdefinitionen des Konfigurationsmanagements:

- Produkt: Materieller oder immaterieller Input oder Output. Es gibt zwei Produktarten in PRINCE2: Managementprodukte und Spezialistenprodukte.
- Release: Eine Gruppe zusammengehörender Produkte (Spezialistenprodukte), die als Einheit gemanagt, getestet und implementiert werden.
- Variante: Abweichende Ausführung eines Produkts (z.B. in anderer Sprache).
- Version: Eine bestimmte Baseline eines Produkts zu einem gewissen Zeitpunkt.
- Baseline: Abgenommene und eingefrorene Momentaufnahme eines Produkts.

Konfigurationsmanagementverfahren

Die sorgfältige Identifizierung und der Schutz vor unzulässigen Änderungen der Projektprodukte sind sehr wichtig. Die Produkte sind die Werte des Projekts und der Organisation.
Das Verfahren beschreibt die Aktivitäten, die zur Verwaltung der Produkte des Projekts notwendig sind, z.B. das Nachhalten der Status der Produkte (Produktstatusauskunft & Konfigurationsdatensatz) und die Steuerung der Produktänderungen. Managementprodukte und Spezialistenprodukte haben hier eine direkte Abhängigkeit.

Konfigurationsmanagement besteht aus den folgenden Basisaktivitäten:

- **Planen**: Festlegen der Erfassungstiefe der Produkte (Configuration Item-Level) und der notwendigen Steuerungsmittel.

- **Identifizieren**: Spezifizierung und Identifizierung aller Produkt des Projekts und deren Versionierung, Benennung, Codierung.
- **Steuern**: Überwachen und ‚baselinen' von Produkten sowie die Freigabe der Produkte bei Zustimmung der zuständigen Stellen (Lenkungsausschuss und/oder Änderungsausschuss). Darüber hinaus umfasst die Steuerung auch die Speicherung und Wiederauffindung aller relevanten Informationen (Konfigurationsdatensätze) und Produkte.
- **Status protokollieren**: Berichten aller relevanten aktuellen und historischen Daten über Produkte in Form einer Produktstatusauskunft. Das kann für ein Produkt, für die Produkte eines Arbeitspakets, für die Produkte einer Phase oder des ganzen Projekt bei der Projektunterstützung angefordert werden.
- **Verifizieren und Audit**: Wiederholtes Überprüfen und Kontrollieren der dokumentierten Konfigurationsdatensätze mit dem real existierenden Produktstatus. Die Überprüfung wird vom Projektmanager angeordnet und verantwortet und von der Projektunterstützung durchgeführt.

Mit einem funktionierenden Konfigurationsmanagement ist der Status der Produkte richtig dokumentiert und jederzeit abrufbar. Produkte sind wieder auffindbar und es sind grundsätzlich die richtigen Versionen im Umlauf, was gewährleistet, dass Änderungen an der richtigen Version durchgeführt werden. Da Sicherheitskopien regelmäßig erstellt werden, gehen keine Produkte verloren und es besteht die Möglichkeit ggf. auf die alte Baseline zurückzugehen.

Auch die Managementprodukte unterliegen dem Konfigurationsmanagement und sollten gesteuert geändert werden. Diesbezüglich werden die Managementprodukte in drei Kategorien unterteilt: Baseline, Aufzeichnungen, Berichte.

Baseline-Managementprodukte definieren bestimmte Aspekte des Projekts als Ausgangsbasis und unterliegen nach der Freigabe der Änderungssteuerung. Als Aufzeichnung werden dynamische Managementprodukte bezeichnet, die Informationen über den Projektfortschritt enthalten. Berichte sind Managementprodukte, die eine Momentaufnahme des Status bestimmter Aspekte des Projekts liefern.

3.8 Fortschritt

Eine effektive Steuerung ist im Projektmanagement die Grundlage für erfolgreiches Handeln. Zweck des Themas Fortschritt ist es, den Verlauf des Projekts erfolgreich zu überwachen und zu steuern. Es muss jederzeit möglich sein, eine Aussage über den Fortschritt des Projekts, einer Phase oder eines Arbeitspakets zu machen und auf Basis vorhandener valider Informationen die richtigen Entscheidungen zu treffen.

PRINCE2 definiert eine Reihe von unterschiedlichen Steuerungsmechanismen. Diese werden Steuerungsmittel genannt und tragen dazu bei, die Entscheidungsfindung zu unterstützen. Die verschiedenen Managementebenen überwachen anhand der Steuerungsmittel den Fortschritt des Projekt, beurteilen die tatsächlich erbrachte Leistung, prüfen Pläne und Optionen, erkennen Probleme und Risiken, leiten Korrekturmaßnahmen ein oder geben weitere Arbeiten frei.
Inhaltlich werden drei verschiedene Ansätze beschrieben, um eine effektive Steuerung zu ermöglichen:

- Toleranzen
- Phaseneinteilung
- Managementprodukte

Toleranzen und Ausnahmen

Eine Ausnahme ist in PRINCE2 als eine Situation definiert, in der eine Abweichung über die vereinbarten Toleranzen hinaus absehbar oder bereits eingetreten ist. Toleranzen bestimmen, in welchem Maß Abweichungen von den definierten Projektdimensionen zulässig sind und keine Eskalation an die entsprechend höhere Managementebene notwendig ist.

In PRINCE2 können sechs Toleranzbereiche definiert werden:

Zeit	+/- Zeitangaben für einen geplanten Termin. Werden für den Projektplan, Phasenplan und Arbeitspaket von den jeweils höheren Managementebenen definiert.
Kosten	+/- Abweichungen vom Budgetplan. Die Kostentoleranzen werden ebenfalls im Projektplan, Phasenplan oder Arbeitspaket festgehalten.
Umfang	Beschreibt den Umfang des Projektplans und ggf. auch des Phasenplans/Teamplans. Verschiedene Anforderungen können mit „unbedingt erforderlich“, „sollte umgesetzt werden“, „kann umgesetzt werden“ oder „ist für die Zukunft“ vermerkt werden.
Risiko	Grenzwert für Bedrohungen. Wird als Wert für alle Risiken definiert, der dem Projektbudget gegenübergestellt wird oder auch für ein einzelnes Risiko. Die projektbezogene Risikotoleranzgrenze ist in der Risikomanagementstrategie dokumentiert und kann für einzelne Phasen oder Arbeitspakete heruntergebrochen werden.
Qualität	Definiert einen Grenzbereich der vereinbarten Qualitätsziele. Die Qualitätstoleranz ist in der Produktbeschreibung des Projektendproduktes und den Produktbeschreibungen der Teil und Einzelprodukte definiert.
Nutzen	Definition eines Pufferbereichs für den Nutzen, welcher im Business Case dokumentiert wird.

Toleranzen unterstützen insbesondere das Grundprinzip Steuern nach dem Ausnahmeprinzip und entlasten das Management bei der Steuerung des Projekts. Grundsätzlich sollte der Projektmanager, sobald er befürchten muss die Toleranzen nicht mehr einhalten zu können, einen Ausnahmebericht an den Lenkungsausschuss eskalieren. Der Projektmanager darf in dieser Situation nicht warten oder eigenständig versuchen eine Lösung zu finden, da alle sechs Projektdimensionen und die damit verbundenen Toleranzen vom Lenkungsausschuss festgelegt wurden. Der Projektmanager ist „lediglich" durchführungsverantwortlich und sollte nicht eigenmächtig über eine Anpassung der Grenzen die durch die ergebnisverantwortliche Instanz, dem Lenkungsausschuss, gewährt werden entscheiden.

Ohne Toleranzen muss er bei jeder befürchteten Abweichung von den geplanten Werten sofort an den Lenkungsausschuss eskalieren. Toleranzen ermöglichen dem Projektmanager innerhalb eines „Spielraums" frei zu entscheiden und das Projekt zu managen. Dies entlastet den Lenkungsausschuss.

Auf diese Weise können zwischen allen Managementebenen des Projekts sowie dem Unternehmens- oder Programmmanagement entsprechende Toleranzbereiche (top down) und Eskalationsprozedere (bottom up) zwischen folgenden Ebenen vereinbart werden:

- Unternehmens – oder Programmmanagement
- Lenken – Lenkungsausschuss
- Managen – Projektmanager
- Liefern – Teammanager

Abb. > Managementebenen based on AXELOS PRINCE2® material. Reproduced under licence from AXELOS.

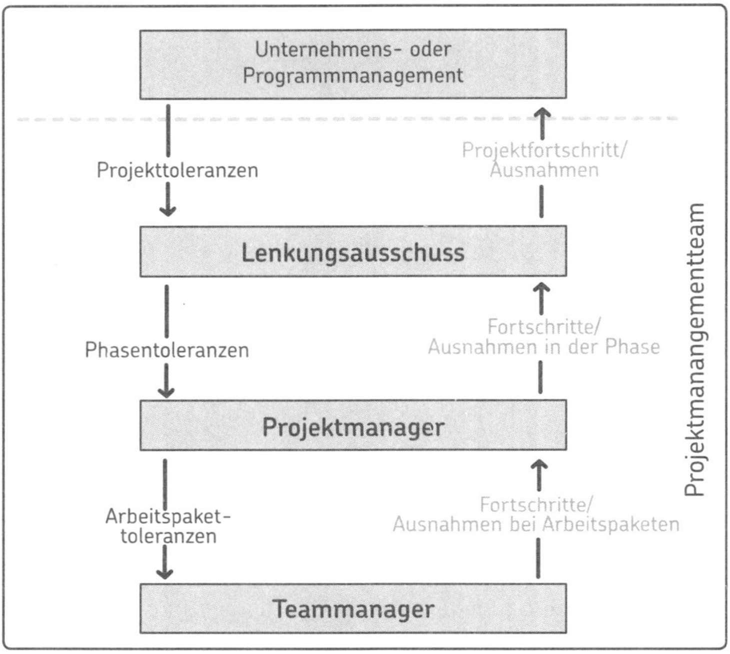

Das Unternehmens- oder Programmmanagement

Das Unternehmens- und Programmmanagement gehört nicht zum Projektmanagementteam im Sinne von PRINCE2. Es entsendet einen Vertreter, den Auftraggeber, der seine Interessen im Projekt wahrnimmt.

PRINCE2 geht davon aus, dass der Auftraggeber das Unternehmens- und Programmmanagement regelmäßig über den Projektfortschritt und eventuelle Ausnahmen informiert. In welcher Form dies zu erfolgen hat, wird in PRINCE2 nicht näher beschrieben, da dies gewissermaßen außerhalb der Methode liegt und von jedem Unternehmen spezifisch definiert wird. Wichtig für das Toleranzsystem ist jedoch, dass diese Managementebene die sogenannten Projekttoleranzen an den Lenkungsausschuss vergibt.

Steuerung des Projekts durch den Lenkungsausschuss

Die wichtigsten Steuerungsmittel, die dem Lenkungsausschuss zur Verfügung stehen, sind Fortschrittsberichte wie der Projektstatusbericht oder auch der Phasen- oder Projektabschlussbericht,

Offener-Punkt-Bericht und Ausnahmebericht, der bei Abweichungen erstellt wird, die außerhalb der gesetzten Toleranzen liegen. Steuernd eingreifen kann der Lenkungsausschuss durch die im Prozess Lenken eines Projekts beschriebenen Aktivitäten. Alle hier beschriebenen Aktivitäten sind ausnahmslos Entscheidungen (z.B. Freigabe der nächsten Phase oder Ad-Hoc-Anweisung geben), die vom Lenkungsausschuss im Rahmen seiner Verantwortung getroffen werden.

Steuern nach dem Ausnahmeprinzip ist für den Lenkungsausschuss maßgeblich. Der Lenkungsausschuss kommt im Projektverlauf in der Regel nur zusammen, um Phasenabschlussbewertungen vorzunehmen, die neuen Phasenpläne frei zu geben und in einer Ausnahmesituation. Sollten die Toleranzen auf Phasenebene bedroht sein oder überschritten werden, wird der Projektmanager einen Ausnahmebericht, welcher auch eine Empfehlung des Projektmanagers enthält, an den Lenkungsausschuss eskalieren. Fünf verschiedene Entscheidungen können nun auf Basis des Ausnahmeberichts getroffen werden:

- **Weitermachen** – Der Lenkungsausschuss verschiebt die Entscheidung und legt fest, dass die Situation weiterhin beobachtet wird.
- **Projekt vorzeitig beenden** – Der Lenkungsausschuss beschließt, nach Prüfung aller Informationen, das Projekt vorzeitig zu beenden.
- **Toleranzerweiterung** – Der Lenkungsausschuss entscheidet die Phasentoleranzen zu erweitern.
- **Konzession** – Die gemeldete Spezifikationsabweichung wird toleriert und die entsprechende Projektdokumentation (Produktbeschreibung etc.) angepasst.
- **Ausnahmeplan** – Der Projektmanager wird angewiesen, einen entsprechenden Ausnahmeplan, der die Ausnahme innerhalb der Planung enthält, anzufertigen. Auf Basis des Ausnahmeplans nimmt der Lenkungsausschuss eine Ausnahmebewertung vor und entscheidet ggf. den Ausnahmeplan zu genehmigen. In diesem Falle würde der Ausnahmeplan zum nächsten gültigen Phasenplan.

Steuerung des Projekts durch den Projektmanager

Die wichtigsten Steuerungsmittel des Projektmanagers für die tägliche Arbeit sind die Vereinbarung von Arbeitspaketen während des Prozesses Steuern einer Phase, Fortschrittsberichte in Form des Teamstatusberichtes des Teammanagers, Probleme/Anliegen, Ausnahmen, Änderungen, Spezifikationsabweichungen, die in Form von offenen Punkten gemeldet werden, der Business Case, die Pläne und die verschiedenen Register. Offene Punkte werden im entsprechenden Register dokumentiert und ggf. über einen Offener-Punkt-Bericht oder einen Ausnahmebericht weiter gemanagt. Diese Steuerungsmittel sollen sicherstellen, dass Produkte innerhalb der Qualitätsanforderungen geliefert werden und das Projekt innerhalb der Zeit und Kostenvorgaben und mit den zur Verfügung gestellten Ressourcen realisiert wird.

Der Projektmanager stellt im Rahmen seiner Verantwortung Steuerungsmittel, wie z.B. den Projektstatusbericht, für den Lenkungsausschuss bereit, damit dieser anhand der richtigen Information zum richtigen Zeitpunkt über den Projektfortschritt entscheiden kann. Sollte der Projektmanager die Phasentoleranzen nicht einhalten oder lediglich befürchten, diese nicht einzuhalten, muss er einen Ausnahmebericht an den Lenkungsausschuss eskalieren.

Steuerung des Teams durch den Teammanager

Der Projektmanager vereinbart mit dem Teammanager das Arbeitspaket, welches die Produktbeschreibungen der herzustellenden Produkte enthält. Die dort ebenfalls dokumentierten Toleranzen geben vor, in welchem Rahmen das Team zu agieren hat. In vereinbarten Abständen berichtet der Teammanager über den Fortschritt der Arbeiten in Form des Teamstatusberichts. Sollte er Toleranzen nicht einhalten, eskaliert er einen offenen Punkt an den Projektmanager.

Der Teammanager könnte abhängig von der Größe des Arbeitspakets, die Umsetzung ebenfalls wie ein eigenständiges PRINCE2-Projekt managen. Er würde nun verschiedene Gruppen von Spezialisten mit der Herstellung von Teilprodukten beauftragen und z.B. regelmäßige Statusberichte vereinbaren.

Steuerungsmittel

Der Begriff „Steuern" spielt in PRINCE2 eine wesentliche Rolle und wird an dieser Stelle noch einmal genauer erklärt: Steuern meint eine gerichtete Beeinflussung ausüben, bewusst entscheiden, wie sich in einer bestimmten Situation verhalten wird. Der Knackpunkt dabei ist die bewusste Entscheidung.

Um entscheiden zu können, muss zur richtigen Zeit die richtige Information vorliegen. Hier kommen die Steuerungsmittel ins Spiel: Steuerungsmittel sind in aller Regel Informationen, die zum richtigen Zeitpunkt unterstützend vorliegen. Dafür gibt es in PRINCE2 die Managementprodukte z.B. die Berichte, Aufzeichnungen, Dokumente/Daten, die auf die eine oder andere Art Informationen bereitstellen und helfen zu einem festen Zeitpunkt eine Entscheidung zu treffen.

Allgemein gibt es zwei unterschiedliche Arten von Steuerungsmitteln:

- **Ereignisgesteuerte Steuerungsmittel**: Informationen, die zeitunabhängig und ereignisabhängig eintreten, wie z.B. das Ende einer Phase oder die Fertigstellung eines Produkts, und Steuerung des Fortschritts ermöglichen. Beispiele hier sind der Phasenabschlussbericht, das Arbeitspaket oder ein Ausnahmebericht.
- **Zeitgesteuerte Steuerungsmittel**: Regelmäßige, zeitlich gesteuerte Berichte, die unabhängig von Ereignissen zu bestimmten zeitlichen Intervallen die Steuerung des Fortschritts ermöglichen. Zwei zeitgesteuerte Steuerungsmittel sind der Projektstatus- und Teamstatusbericht.

Folgende Managementprodukte sind für die ereignisgesteuerte Steuerung von Bedeutung und dienen somit als Vergleichswert für die Fortschrittsüberwachung:

- Projektplan (Fortschrittsüberwachung für den Lenkungsausschuss)
- Phasenplan (Fortschrittsüberwachung für den Projektmanager)
- Ausnahmeplan (Basis für die Ausnahmebewertung des Lenkungsausschusses)

- Arbeitspaket (Konkrete Vereinbarung – kann auch ein Vertrag sein – zwischen Projekt- und Teammanagement)
- Projekttagebuch (z.B. für informelle offene Punkte)
- Register offener Punkte (Aufzeichnung aller formellen Probleme/ Anliegen, Spezifikationsabweichungen oder Änderungen, die dem Projekt gemeldet wurden)
- Produktstatusauskunft (aktueller Status eines oder mehrere Produkte eines Arbeitspaketes, einer Phase oder des gesamten Projekts)
- Qualitätsregister (eine Aufzeichnung über alle geplanten und durchgeführten Qualitätsaktivitäten)
- Risikoregister (enthält alle erkannten Risiken)

Die folgenden Managementprodukte helfen mögliche Erfahrungen zu dokumentieren:
- Erfahrungsprotokoll (sammelt alle Erfahrungen, die für das eigene Projekt oder für andere Projekte hilfreich sein können)
- Erfahrungsbericht (ein Bericht über die Erfahrungen, die für Projekte hilfreich sein können)

Die folgenden Managementprodukte werden verwendet, um zu fest definierten Zeitpunkten, welche sich im Verlauf des Projekts verändern können, über den Fortschritt zu berichten:

- Teamstatusbericht (regelmäßige Berichterstattung des Teammanagers an den Projektmanager über die Arbeiten des Teams)
- Projektstatusbericht (regelmäßige Berichterstattung des Projektmanagers an den Lenkungsausschuss über den Fortschritt des Projekts)

Einteilung des Projekts in Phasen

Die Zeitachse des Projekts wird bei PRINCE2-Projekten in sogenannte Managementphasen abhängig vom Umfang, Komplexität und der Risiken unterteilt. Diese Managementphasen ermöglichen:
- Entscheidungspunkte für die Bewertung des Projekts, ob die Ziele noch erreicht werden

- die Möglichkeit, auszuführende Arbeiten in Abschnitte zu unterteilen und gesondert über diese zu entscheiden
- die Möglichkeit, auf Basis erzielter Ergebnisse Änderungen vorzunehmen
- in Ausnahmefällen neu zu entscheiden und ggf. die Phasen neu oder anders zu zuschneiden

Ein vollständiges PRINCE2-Projekt besteht aus mindestens zwei Phasen, der Initiierungsphase und mindestens einer nachfolgenden Phase, welche dann auch gleichzeitig die letzte Phase ist. Die Anzahl und die Länge der Phasen richten sich darüber hinaus nach folgenden Faktoren:

- Wie groß sind die Risiken?
- Wie weit im Voraus ist eine Planung möglich und überhaupt überschaubar (Planungshorizont)?
- Wo sind wichtige Entscheidungspunkte und wie werden die technischen Phasen geplant?
- Wie groß ist das Vertrauen des Lenkungsausschusses?
- Ist die Art des Projekts bekannt oder völliges Neuland für das Projektmanagementteam?

Als technische Phase wird in PRINCE2 ein Zeitraum bezeichnet, der benötigt wird, um ein Produkt, Arbeitspaket, Release oder eine technische Entwicklung durchzuführen. Technische Phasen können durchaus überlappen oder gar parallel verlaufen, während Managementphasen immer linear aufeinanderfolgen. Dies entkoppelt die Steuerung des Projektmanagements (Managementphasen) von der eigentlichen Produktherstellung (technische Phase). So wird die Produktherstellung so effizient wie möglich durchgeführt, das Projekt effektiv gesteuert und Entscheidungen über die Fortführung des Projekts zum richtigen Zeitpunkt getroffen.

04

PRINCE2®
PROZESSE

4.1 Einführung

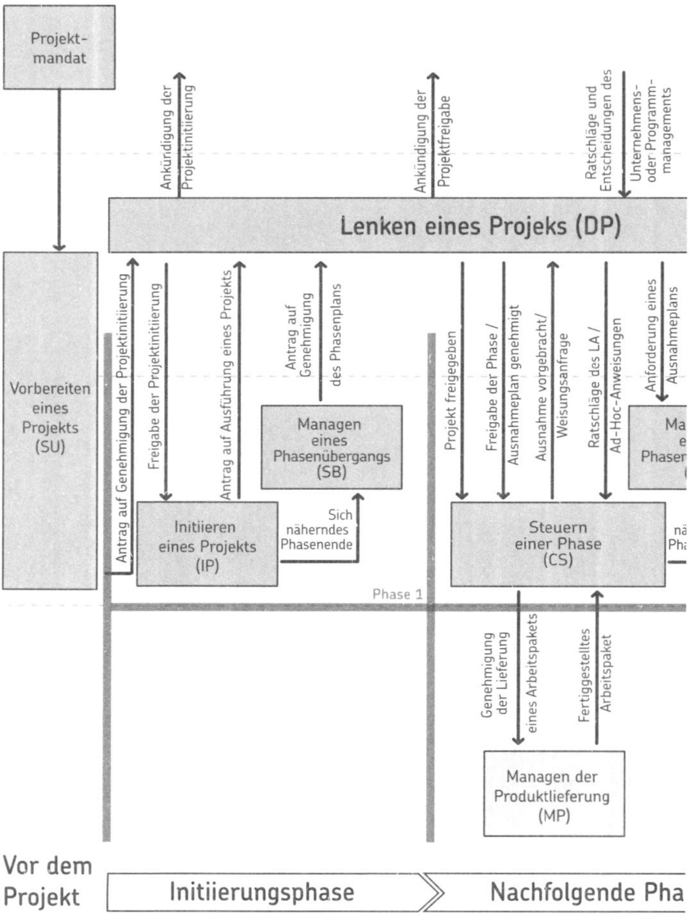

Abb. > Managementebenen based on AXELOS PRINCE2® material. Reproduced under licence from AXELOS.

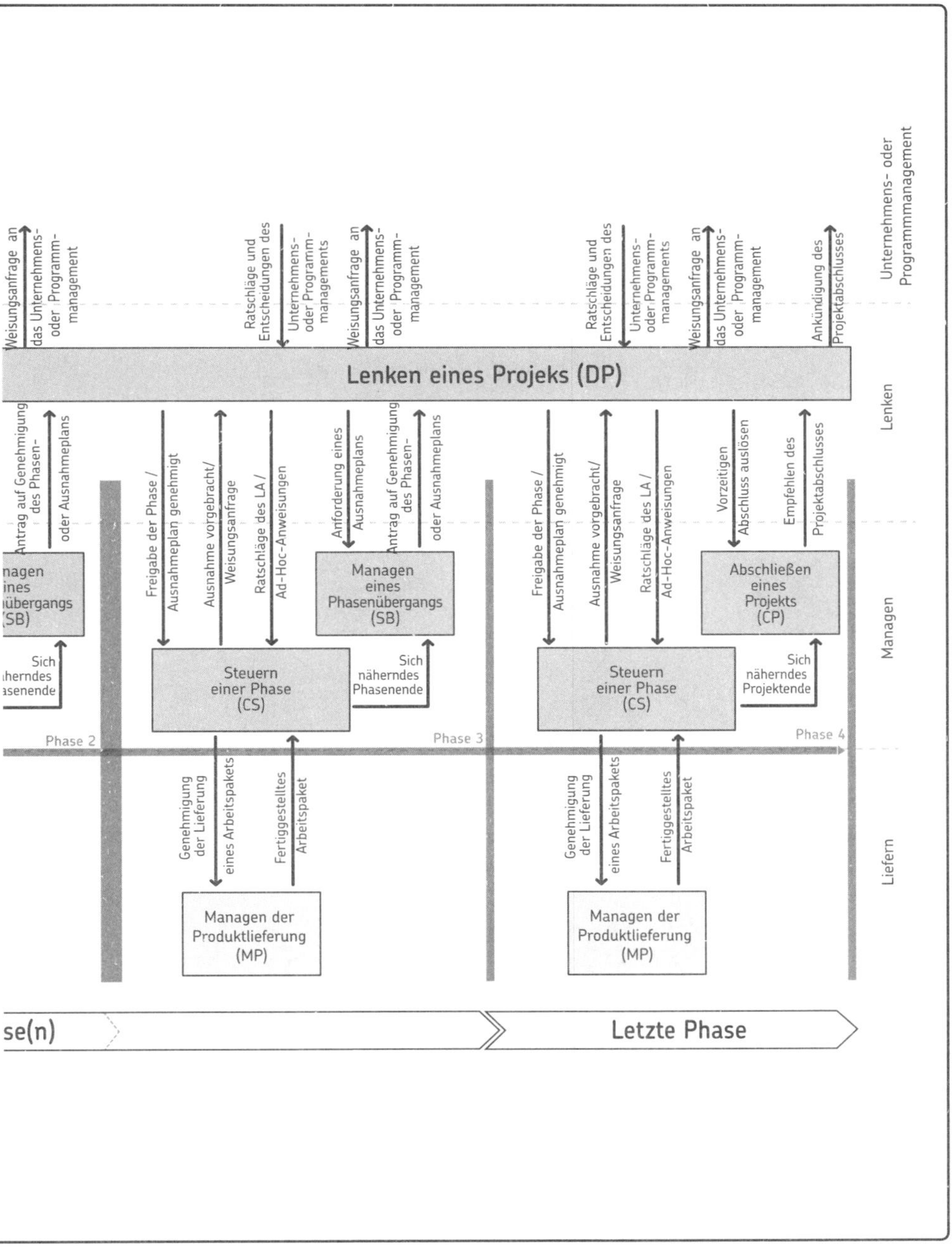
Unternehmens- oder Programmmanagement
Lenken
Managen
Liefern
Lenken eines Projeks (DP)
Ratschläge und Entscheidungen des Unternehmens- oder Programm-managements
Weisungsanfrage an das Unternehmens- oder Programm-management
Ratschläge und Entscheidungen des Unternehmens- oder Programm-managements
Weisungsanfrage an das Unternehmens- oder Programm-management
Ankündigung des Projektabschlusses
Freigabe der Phase / Ausnahmeplan genehmigt
Ausnahme vorgebracht/ Weisungsanfrage
Ratschläge des LA / Ad-Hoc-Anweisungen
Anforderung eines Ausnahmeplans
Antrag auf Genehmigung des Phasen- oder Ausnahmeplans
Freigabe der Phase / Ausnahmeplan genehmigt
Ausnahme vorgebracht/ Weisungsanfrage
Ratschläge des LA / Ad-Hoc-Anweisungen
Vorzeitigen Abschluss auslösen
Empfehlen des Projektabschlusses
Managen eines Phasenübergangs (SB)
Abschließen eines Projekts (CP)
Steuern einer Phase (CS)
Sich näherndes Phasenende
Steuern einer Phase (CS)
Sich näherndes Projektende
Phase 2
Phase 3
Phase 4
Genehmigung der Lieferung eines Arbeitspakets
Fertiggestelltes Arbeitspaket
Managen der Produktlieferung (MP)
Genehmigung der Lieferung eines Arbeitspakets
Fertiggestelltes Arbeitspaket
Managen der Produktlieferung (MP)
Letzte Phase

Die sieben PRINCE2 Prozesse beschreiben die Aktivitäten, die für ein erfolgreiches Projektmanagement notwendig sind. Diese finden sich auf den verschiedenen Managementebenen innerhalb der Projektorganisation, „Lenken“, „Managen“ und „Liefern“, wieder.

- **Lenken:** Auf der Ebene „Lenken“ sind dem Lenkungsausschuss lediglich zwei Prozesse zugeordnet. Der erste, Vorbereiten eines Projektes, stellt die Basis für alle notwendigen Aktivitäten zur Bereitstellung eines Business Case Entwurfs dar. Der zweite Prozess Lenken eines Projekts deckt alle anderen Aktivitäten des Lenkungsausschusses ab. Hierbei handelt es sich um wichtige Entscheidungen, die ausschließlich dem Lenkungsausschuss vorbehalten sind.
- **Managen:** Der Ebene des Projektmanagements sind eine ganze Reihe von Prozessen zugeordnet:
    - Vorbereiten eines Projekts (geteilte Verantwortung auf den Ebenen „Managen“ und „Lenken“)
    - Initiieren eines Projekts
    - Steuern einer Phase
    - Managen eines Phasenübergangs
    - Abschließen eines Projekts

Diese Prozesse beschreiben die verschiedenen Aufgaben und Aktivitäten des Projektmanagers über den gesamten Lebenszyklus eines Projekts. Sie bilden die Grundlage, um dem Projektmanager für jede Phase des Projekts die richtigen Werkzeuge an die Hand zu geben. Sie stellen außerdem eine Art „Guide“ dar, der dem Projektmanager Handlungsempfehlungen für nachfolgende Schritte gibt.

- **Liefern:** Der einzige Prozess auf dieser Ebene ist Managen der Produktlieferung und er beschreibt, welche Aktivitäten aus Sicht des Projektmanagements von dem bzw. den Teammanager(n) erwartet werden. Wichtig ist hierbei, dass nur die Aktivitäten aufgeschlüsselt sind, nicht jedoch detaillierte Beschreibungen, wie die zu liefernden Produkte herzustellen sind. Auch auf der Teamebene liegt der Schwerpunkt auf dem Management.

Es gibt noch eine vierte Managementebene, nämlich das Unternehmens- oder Programm-Management. Diese Ebene zählt allerdings nicht zum Projektmanagementteam. Das Unternehmens- oder Programm-Management entsendet lediglich einen Stellvertreter (den Auftraggeber) in das Team, um sicherzustellen, dass die Unternehmensinteressen adäquat berücksichtigt werden. Zusätzlich werden auf dieser Ebene die Projekttoleranzen für den Lenkungsausschuss, also für die Ebene „Lenken“, definiert.

Die im Thema Fortschritt beschriebenen „Top-Down“ Steuerungsmechanismen, welche zu Berichterstattung und Weisungsanfragen „Bottom-Up“ führen, werden durch die Prozesse mit konkreten Aktivitäten gestützt.
Die Prozessaktivitäten beschreiben also: „Wer macht was und wann?“. Die Managementprodukte sichern die Kommunikation zwischen den Prozessaktivitäten und bilden eine Reihe an Informationen ab, die bei jeder einzelnen Aktivität notwendigerweise vorhanden sein sollten und/oder als Output entstehen sollten. Diese Informationen ermöglichen dann die richtige Entscheidung zum richtigen Zeitpunkt zu treffen und ermöglichen somit die effiziente Steuerung des Projekts.
Art und Umfang des Projekts bestimmen, wie die in den Prozessen beschriebenen Aktivitäten durchgeführt werden. Teilweise kann dies zeitgleich bzw. parallel erfolgen oder linear in einer bestimmten Reihenfolge. PRINCE2 schlägt hier in den Prozessabbildungen ein bestimmtes Vorgehen vor, das sich als Best Practice erwiesen hat. Dieses Vorgehen muss aber nicht in dieser Form in jedem Projekt eingehalten werden. Die Aktivitäten können durchaus iterativ durchgeführt werden, bis entsprechende Ergebnisse erzielt werden und ein Weiterarbeiten möglich ist. Diese Iterationen sind nicht zusätzlich abgebildet, um die Übersichtlichkeit der Grafiken nicht zu gefährden.

Jedes Projekt durchläuft einen Lebenszyklus, der sich in verschiedene zeitliche Phasen gliedert. Ein PRINCE2-Projekt beginnt mit vorbereitenden Aktivitäten. Diese liegen noch vor der eigentlichen Projektlaufzeit und werden in Vorbereiten eines Projekts beschrieben. Anschließend beginnt die eigentliche Projektlaufzeit. Sie wird nach PRINCE2 in die sogenannten Managementphasen unterteilt.

Der Lebenszyklus gliedert sich wie folgt:
Vor dem Projekt und damit der Prozess Vorbereiten eines Projekts wird durch das Projektmandat des Unternehmens- oder Programmmanagements ausgelöst. Im Prozess wird der Umfang des Projekts geprüft, ein Entwurf des Business Case erstellt und eine Organisationsstruktur entworfen. Die Ergebnisse des Prozesses werden in der Projektbeschreibung zusammengeführt.

Abb. > Die PRINCE2 Prozesse innerhalb der Managementphasen based on AXELOS PRINCE2® material.
Reproduced under licence from AXELOS.

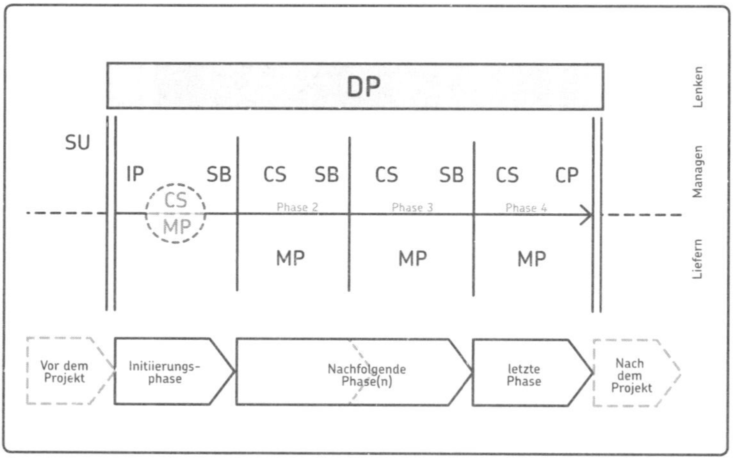

Als **Initiierungsphase** wird der Teil des Lebenszyklus bezeichnet, der auf Basis der Projektbeschreibung alle notwendigen Planungen und Vorbereitungen für die Durchführung des Projekts vornimmt. Dazu gehört die Erstellung eines Projektplans, das Einrichten von Steuerungsmechanismen, das Aufsetzen aller notwendigen Strategien und auch das Vorbereiten und Anpassen der notwendigen Register.
Nachfolgende Phase(n) sind entweder eine oder mehrere Managementphasen, in denen die geplanten Produktlieferungen vom Projektmanager gesteuert werden. Der Projektmanager überwacht

und steuert dabei die Kosten, die Zeit, die Qualität, den Umfang (z. B. bei Änderungsanträgen), die Risiken und den Nutzen der jeweiligen Phase.
Die letzte Phase ist die Phase, in der das Projektendprodukt entsteht und der Projektmanager die Lieferung der letzten Produkte beauftragt. Darüber hinaus umfasst diese Phase des Lebenszyklus auch alle notwendigen Aktivtäten zum ordentlichen Abschluss des Projekts, wie die Bewertung des Projekts, die Übergabe und Abnahme der Produkte und die abschließende Planung der Nutzenrevision.

Ein vollständiges PRINCE2-Projekt besteht aus mindestens zwei Managementphasen: Der Initiierungsphase und einer nachfolgenden Phase, die dann auch gleichzeitig die letzte Phase ist. Ganz im Sinne des Prinzips Steuern über Managementphasen wird zum Phasenende eine formale Bewertung, die sogenannte Phasenabschlussbewertung, durch den Lenkungsausschuss vorgenommen. Diese Bewertung bildet die Informationsgrundlage, um zu entscheiden, ob die nächste Phase freigegeben werden kann.

In den folgenden Kapiteln werden alle sieben Prozesse beschrieben. Zu Beginn wird jeder Prozess allgemein vorgestellt. Anschließend werden alle im Prozess definierten Aktivitäten einzeln beschrieben und die dort verwendeten Managementprodukte aufgelistet. Welches dieser Managementprodukte tatsächlich in welcher Form genutzt wird, ist abhängig von der spezifischen Projektsituation.

Für jede Aktivität sind entsprechende Verantwortlichkeiten definiert. Es wird aufgelistet, welche Rolle welche Art von Verantwortung für ein Managementprodukt in der entsprechenden Aktivität übernimmt:

- Erstellen - Verfassen eines Managementprodukts
- Prüfen - Bewertung eines Managementprodukts von einer vom Ersteller unabhängigen Person
- Genehmigen – Freigeben/Genehmigen eines Managementproduktes

Produkt	Maßnahme	Unternehmen / Programm	Auftraggeber	Benutzervertreter	Lieferantenvertreter	Projektmanager	Teammanager	Projektsicherung	Projektunterstützung
Spezialistenprodukte	Abnahme bestätigen		A	A	A	(P)	(P)	(P)	
Phasenabschlussbericht	Genehmigen		A	A	A	(E)		P	
Erfahrungsbericht	Verteilen		A	P	P	(E)		P	
Empfehlungen für Folgeaktionen	Verteilen		A	A	A	(E)		P	
Phasenplan für die nächste Phase	Genehmigen		A	A	A	(E)		P	
Ausnahmeplan	Genehmigen		A	A	A	(E)		P	
(Aktualisierte) Projektleitdokumentation	Genehmigen	(P)	A	A	A	(E)		P	
(Aktualisierter) Nutzenrevisionsplan	Genehmigen	A	A	A	P			P	

Abb. >
Tabelle der Zuständigkeiten (Beispiel) based on AXELOS PRINCE2® material

4.2 Vorbereiten eines Projekts (SU)

Vorbereiten eines Projekts (Starting up a Project – SU) ist der Prozess, der prüft, ob es sinnvoll ist, entsprechende Ressourcen für die Initiierung bereitzustellen und mit dem Projekt zu beginnen. Vorbereiten eines Projekts beschreibt eine Reihe von notwendigen Aktivitäten, die vor der eigentlichen Projektlaufzeit liegen und für die offiziell weder Zeit noch Geld bereitgestellt wurden. Daher ist der Prozess auch nicht Bestandteil einer Managementphase.
Ziel der Aktivtäten im Vorbereiten eines Projekts Prozess ist es, in kurzer Zeit auf Basis des Projektmandats ausreichend Informationen zusammenzustellen, die dem Lenkungsausschuss die Entscheidung ermöglichen, ob die Projektinitiierung freigegeben werden soll.

Das Projektmandat ist die Idee oder Anfrage, ein Projekt zu starten und stammt vom Unternehmens- oder Programmmanagement. Das Mandat ist kein in PRINCE2 beschriebenes Managementprodukt und kann schriftlich oder auch mündlich übergeben werden. Die Inhalte eines Projektmandates sind nicht definiert, es könnten aber zum Beispiel die Zielsetzung und der erwartete Nutzen des Projekts beschrieben sein. Abhängig davon wie umfangreich das Projektmandat ist, wenn z.B. im Rahmen eines übergreifenden Programmes deutlich mehr Informationen zur Verfügung stehen, kann der Prozess Vorbereiten eines Projekts deutlich beschleunigt werden.

Am Ende des Prozesses Vorbereiten eines Projekts werden alle Ergebnisse in einer sogenannten Projektbeschreibung zusammengeführt. In dieser sind Auftraggeber und Projektmanager für das Projekt benannt sowie eine erste Organisationsstruktur mit Ernennung einzelner Rollen aufgezeigt. Weiterhin sind ein Entwurf des Business Case und eine Produktbeschreibung des zu liefernden Projektendproduktes enthalten. Zusätzlich zur Projektbeschreibung wird ein Phasenplan für die Initiierungsphase mit Zeit- und Kostenschätzung erstellt und an den Lenkungsausschuss übergeben. Dieser wird anschließend auf Basis der vorgelegten Information bewerten, ob die geschäftliche Rechtfertigung für dieses Projekt in ausreichendem Maße gegeben ist, die Verantwortlichkeiten für die Projektinitiierung den richtigen Personen zugewiesen sind, der Umfang des Projekts klar eingegrenzt ist, das zu liefernde Endprodukt mit entsprechenden Akzeptanzkriterien beschrieben ist und die Initiierungsphase mit Ressourcenschätzung valide geplant ist.

Dieser Prozess ist auf zwei Managementebenen verankert, da nicht alle Aktivitäten und Ergebnisse vom Projektmanager erbracht werden können. Der Auftraggeber verantwortet z.B. die Erstellung des Business Case Entwurfs, da der Projektmanager den Grund für das Projekt oder auch den erwarteten Nutzen nicht immer kennt. Der Auftraggeber, als Interessenvertreter des Unternehmens- oder Programmmanagements, muss diese Informationen bereitstellen.

Abb. > Vorbereiten eines Projekts (Starting up a Project - SU)

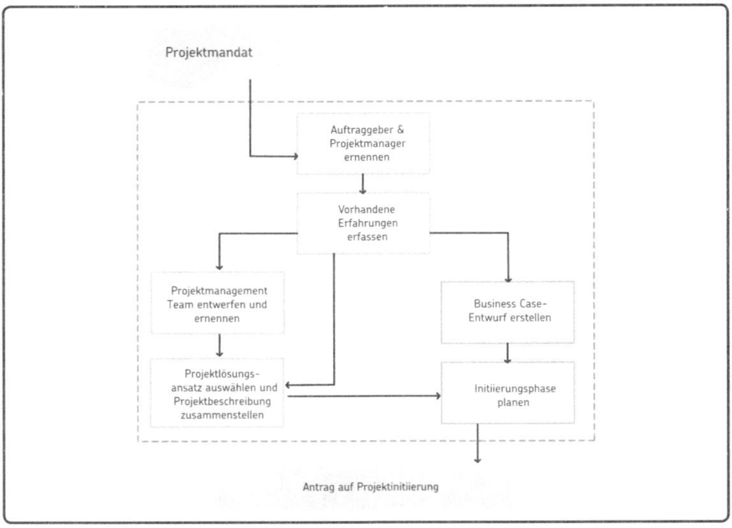

Auftraggeber und Projektmanager ernennen

In der ersten Aktivität von Vorbereiten eines Projekts werden die zwei wichtigsten Verantwortungen des Projekts zugewiesen: Die Ergebnisverantwortung und die Durchführungsverantwortung des

Projekts. Der Auftraggeber, ernannt durch das Unternehmens- oder Programmmanagement, ist ergebnisverantwortlich, d.h. er vertritt die Idee und ist verantwortlich für das Ergebnis, das durch das Projektendprodukt entstehen soll. Der Projektmanager, ernannt durch das Unternehmens- oder Programmmanagement oder den Auftraggeber, ist durchführungsverantwortlich. Er verantwortet die Lieferung eines oder mehrerer Produkte gemäß eines definierten Business Case. An dieser Stelle ist es wichtig anzumerken, dass der Projektmanager weder Verantwortung für die Idee übernimmt noch der Eigentümer des Projekts ist. Das liegt beim Auftraggeber. Sollte sich also der erwartete Nutzen mit den gelieferten Produkten nicht einstellen, trägt der Projektmanager dafür nicht die Verantwortung. Durch diese Aufteilung wird deutlich, wer für die Folgen bestimmter Entscheidungen die Verantwortung trägt (siehe Lenken eines Projekts).

Beide, Auftraggeber und Projektmanager, arbeiten in Vorbereiten eines Projekts eng zusammen, da zu diesem Zeitpunkt eine umfassende Kommunikation notwendig ist.

Sobald der Projektmanager ernannt wurde, legt dieser das Projekttagebuch an und aktualisiert es fortlaufend.

Aktivität Auftraggeber und Projektmanager ernennen	
Input	Projektmandat
Erstellen	(Teil der) Projektbeschreibung (Rollenbeschreibung Auftraggeber & Projektmanager), Projekttagebuch
Ergebnis	Ernannter Auftraggeber, ernannter Projektmanager

< Abb.
Aktivität: Auftraggeber und Projektmanagement ernennen

Vorhandene Erfahrungen erfassen

In dieser Aktivität wird das Erfahrungsprotokoll angelegt. Der Projektmanager prüft Erfahrungsberichte von früheren Projekten, Initiativen oder auch externen Quellen. Sollten relevante Erfahrungen auch für das zukünftige Projekt wichtig sein, übernimmt er diese in das Erfahrungsprotokoll.

Negative und positive Erfahrungen aus früheren Projekten können z.B. helfen, die Verwendung bestimmter Verfahren oder Techniken zu empfehlen. Andere Erfahrungen können z.B. einen Bezug zu internen Organisationsstrukturen oder den Umgang mit Lieferanten haben.

Eine weitere Möglichkeit, bereits vorhandene Erfahrungen zu erfassen ist es, einen Workshop mit allen Beteiligten durchzuführen, um z.B. durch ein Brainstorming bereits gemachte Erfahrungen zu erfassen.

Das Erfahrungsprotokoll wird im Projektverlauf immer dann aktualisiert, wenn eine neue Erfahrung gemacht wurde. Am Ende des Projekts – und ggf. auch schon an einem Phasenende – wird aus den im Erfahrungsprotokoll notierten Daten ein Erfahrungsbericht erstellt. Dieser wird als Teil des Projektabschlussberichts (bzw. Phasenabschlussberichts) vom Projektmanager verfasst. Dadurch können zukünftige Projekte wiederum von den gemachten Erfahrungen profitieren. Dies ist ein wesentliches Element, um dem Prinzip Lernen aus Erfahrung gerecht zu werden.

Abb. > Aktivität: Vorhandene Erfahrungen erfassen

Aktivität Vorhandene Erfahrungen erfassen	
Input	Erfahrungsberichte aus Vorgängerprojekten
Erstellen	Erfahrungsprotokoll

Projektmanagementteam entwerfen und ernennen

Die Organisationstruktur und die Besetzung des Projektmanagementteams werden hier in einem ersten Schritt definiert. Sicherlich ist es zum jetzigen Zeitpunkt nicht in jedem Projekt möglich, ein aussagekräftiges Team für das Gesamtprojekt zu benennen. In der Initiierungsphase kann auf Basis der Erkenntnisse aus dem Projektplan die Organisationsstruktur für die Freigabe des Projekts fertig gestellt werden und die Ernennung der verschiedenen Rollen aus dem Projektmanagementteam finalisiert werden. Von da an wird die Organisationsstruktur immer zum Phasenende im Prozess Managen eines Phasenübergangs überprüft und ggf. für die nächste Phase neu geplant.

Ernennung meint bei dieser Prozessaktivität zum einen die Zuweisung, welche Rolle von wem übernommen wird. Zum anderen bedeutet dies, dass den zukünftigen Mitgliedern des Projektmanagementteams ihre individuellen Aufgaben und Verantwortlichkeiten erläutert und erklärt werden, sodass im weiteren Verlauf des Projekts keine Unklarheiten über die Zuständigkeiten einzelner entstehen können.

Aktivität Projektmanagementteam entwerfen und ernennen	
Input	Erfahrungsprotokoll, (Teil der) Projektbeschreibung (Rollenbeschreibung Auftraggeber & Projektmanager)
Aktualisieren	Projekttagebuch
Erstellen	(Teil der) Projektbeschreibung (Rollenbeschreibung Projektmanagementteam, Struktur des Projektmanagementteams)
Ergebnis	Ernanntes Projektmanagementteam

< Abb.
Aktivität: Projektmanagementteam entwerfen und ernennen

Business Case-Entwurf erstellen

Der Business Case-Entwurf wird vom Auftraggeber erstellt und ist eine erste Rechtfertigung, warum die Projektdurchführung notwendig ist. Es handelt sich zu diesem Zeitpunkt nur um einen Entwurf, da aufgrund des fehlenden Projektplans meist nur sehr grobe Schätzungen von Kosten und Laufzeiten sowie Ressourcen und deren Abhängigkeiten vorhanden sind. Mit Erstellung des Projektplans wird der Business Case Entwurf in Initiieren eines Projekts verfeinert. Ziel des Business Case-Entwurfs, ist es die folgenden Fragen zu beantworten:

- Welche Gründe sprechen für das Projekt?
- Was sind die Ziele des Projekts?
- Wie unterstützt das Projekt die Strategie der Organisation?
- Wie wird das Projekt finanziert?
- Sind weitere wichtige Informationen (Abhängigkeiten zu anderen Projekten oder Lieferanten) vorhanden und in die Entscheidung einzubeziehen?

Wenn die Rolle des Auftraggebers nicht mit der Person besetzt ist, die auch gleichzeitig der „Sponsor" des Projekts ist, muss sich der Auftraggeber eng mit dem Unternehmens- oder Programmmanagement abstimmen, da die Idee für das Projekt von dort stammt.

Die Aktivität „Business Case Entwurf erstellen" umfasst einen weiteren wichtigen Schritt, nämlich das Erstellen der Produktbeschreibung des Projektendproduktes. Diese Produktbeschreibung wird in enger Zusammenarbeit zwischen Projektmanager und Auftraggeber angelegt. Neben der konkreten Beschreibung des Endproduktes werden hier die Kundenqualitätserwartungen dokumentiert und daraus entsprechende Abnahmekriterien entwickelt. Dies ist später ein wesentlicher Baustein im Qualitätskontrollpfad, der sicherstellen soll, dass das Endprodukt auch den Erwartungen des Kunden entspricht.

In vielen Projekten entsteht ein genaues Bild vom Endprodukt erst während der Laufzeit, da die Kunden viele Fragen im Vorfeld noch nicht beantworten können. Daher werden der Business Case und die Produktbeschreibung des Projektendproduktes mit dem Projektfortschritt weiterentwickelt. Dennoch sollten alle Erwartungen des Kunden, die bereits jetzt benannt werden können, sorgfältig dokumentiert werden, da diese erst einmal die Basis für die weitere Planung darstellen.

Abb. > Aktivität: Buisness Case-Entwurf erstellen

Aktivität Business Case-Entwurf erstellen	
Input	Projektmandat, Erfahrungsprotokoll
Erstellen	(Teil der) Projektbeschreibung (Business Case-Entwurf, Produktbeschreibung des Projektendproduktes)
Aktualisieren	Projekttagebuch

Projektlösungsansatz auswählen und Projektbeschreibung zusammenstellen

Während die Produktbeschreibung des Projektendprodukts beschreibt WAS herzustellen ist, beschreibt der Projektlösungsansatz das WIE. Es wird also geklärt und beschrieben, welche Technologien eingesetzt werden sollen, welcher Teil selbst hergestellt wird und welcher zugekauft werden soll (make new or buy or modify?), ob es wesentliche Einschränkungen gibt, welche Sicherheitsanforderung bestehen und ob auf bestehende Produkte zurückgegriffen werden soll.

Der Projektlösungsansatz wird nun mit den anderen Informationen zur Projektbeschreibung zusammengesetzt. Folgende Inhalte sind in der Projektbeschreibung (Anhang A17) enthalten:

- Projektdefinition
- Ziele und erwartete Ergebnisse
- Umfang und mögliche Ausschlüsse
- Beschränkungen und Annahmen
- Die Projekttoleranzen
- Schnittstellen zu anderen Projekten
- Business Case-Entwurf
- Produktbeschreibung des Projektendproduktes
- Projektlösungsansatz
- Die Struktur des Projektmanagementteams und die Rollenbeschreibungen

Eventuell sich daraus ergebene offene Punkte und Risiken werden im Projekttagebuch festgehalten.

Aktivität Projektlösungsansatz auswählen und Projektbeschreibung zusammenstellen	
Input	(Teil der) Projektbeschreibung (Produktbeschreibung des Projektendproduktes, Business Case Entwurf, Rollenbeschreibungen des Auftraggebers, Projektmanagers und Projektmanagementteams, Struktur des Projektmanagementteams), Erfahrungsprotokoll
Erstellen	Projektbeschreibung (Projektlösungsansatz, zusätzliche Rollenbeschreibungen)
Aktualisieren	Projekttagebuch

< Abb. Aktivität: Projektlösungsansatz auswählen und Projektbeschreibung zusammenstellen

Initiierungsphase planen

Da der Lenkungsausschuss vor der Freigabe der Projektinitiierung wissen muss, welche Kosten, welcher Zeitrahmen und welchen Umfang die Initiierung haben wird, muss ein valider Plan vorgelegt werden. Der Initiierungsphasenplan hat den Charakter eines Phasenplans und kann, wie im Thema Pläne beschrieben, mit den sieben Schritten zur Erstellung eines Plans hergestellt werden. Etwaige Planungsrisiken werden im Projekttagebuch dokumentiert.

Der Plan und die Projektbeschreibung bilden die Basis für die Entscheidung des Lenkungsausschusses, ob die Projektinitiierung freigegeben wird.

Abb. >
Aktivität: Initiierungsphase planen

Aktivität Initiierungsphase planen	
Ereignis	Antrag auf Projektinitiierung
Input	Projektbeschreibung, Projekttagebuch, Erfahrungsprotokoll
Erstellen	Phasenplan Initiierung
Aktualisieren	Projekttagebuch

4.3 Lenken eines Projekts (DP)

Der Prozess Lenken eines Projekts (Directing a Project DP) beschreibt die Aktivitäten des Lenkungsausschusses über die gesamte Projektlaufzeit hinweg. Diese Aktivitäten sind im Wesentlichen Entscheidungen, die der Lenkungsausschuss als Eigentümer des Projekts im Projektverlauf trifft. Alle anderen Aktivitäten werden an die übrigen Projektbeteiligten (vor allem an den Projektmanager) delegiert.

Grundsätzlich hat der Lenkungsausschuss die Aufgabe, die erwarteten Projektergebnisse zu definieren, notwendige Ressourcen bereitzustellen, Risiken auf Lenkungsebene zu managen, über Änderungen zu entscheiden, über die Fortführung oder den vorzeitigen Abschluss des Projekts zu entscheiden, das Projekt nach außen hin zu vertreten (Stakeholdermanagement) und, wenn nötig, Ad-Hoc-Anweisung zu geben.

Dieser Prozess basiert auf dem Prinzip Steuern nach dem Ausnahmeprinzip. Im Idealfall kommt der Lenkungsausschuss nicht in einem fixen zeitlichen Turnus zusammen, sondern reagiert auf eingetretene Ereignisse, wie das Phasenende oder eine etwaige Ausnahmesituation. In diesen Fällen entscheidet der Lenkungsausschuss stets auf Basis gesicherter Informationen u.a. aus den Managementprodukten Business Case, Risikoregister und den Plänen, ob das Projekt fortgeführt wird oder vorzeitig beendet wird.

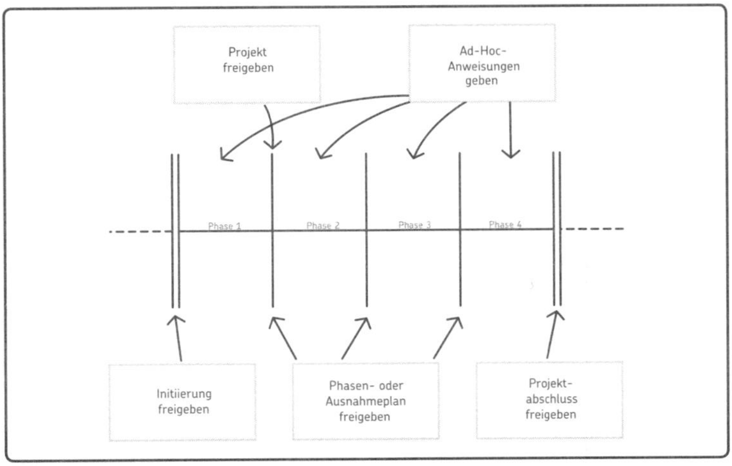

< Abb.
Lenken eines Projekts (Directing a Project - DP)
Source: SERVIEW GmbH

Initiierung freigeben

Aus Vorbereiten eines Projekts werden dem Lenkungsausschuss die Projektbeschreibung und der Phasenplan für die Projektinitiierung vorgelegt. Die vorgelegten Informationen werden bewertet und die Frage beantwortet, ob ausreichend Mittel für das Projekt vorhanden sind und die analysierte Risikosituation vertretbar ist. Anschließend wird die Projektbeschreibung und der Phasenplan für die Initiierung genehmigt und die Organisation über den Start des Projekts informiert.

Mit der Entscheidung die Initiierung freizugeben, werden die notwendigen Ressourcen bereitgestellt und der Projektmanager erhält die Freigabe für die Projektinitiierung. Mit dieser Entscheidung beginnt die eigentliche Projektlaufzeit.

Abb. > Aktivität: Initiierung freigeben

Aktivität Initiierung freigeben	
Ereignis	Antrag auf Projektinitiierung, Freigabe der Projektinitiierung, Ankündigung der Initiierung
Input	Projektbeschreibung, Phasenplan (für die Initiierungsphase)
Genehmigen	Projektbeschreibung, Phasenplan

Projekt freigeben

Am Ende der Projektinitiierung wird dem Lenkungsausschuss die Projektleitdokumentation vorgelegt, in der alle wesentlichen Fragen zum Projekt beantwortet sein sollten. Die Projektleitdokumentation enthält folgende Punkte:

- Projektdefinition
- Organisationsstruktur und Rollenbeschreibungen
- Projektlösungsansatz
- Business Case
- Projektplan
- Risiko-, Qualitäts-, Konfigurations- und Kommunikationsmanagementstrategie
- Steuerungsmittel
- Anpassung von PRINCE2 an die Projektumgebung

Zusätzlich zur Projektleitdokumentation muss auch dem Nutzenrevisionsplan zugestimmt werden, der beschreibt, wann und mit welchem Aufwand Nutzenrevisionen durchgeführt werden.

Parallel zu der Entscheidung das Projekt freizugeben, entscheidet der Lenkungsausschuss über die Freigabe der nachfolgenden Phase, da der Projektmanager neben der Projektleitdokumentation auch den Phasenplan für die nächste Phase einreicht. D.h. die Aktivität „Projekt freigeben" und „Phasen- (oder Ausnahmeplan) freigeben" finden im Anschluss an die Projektinitiierung gleichzeitig statt.
Der Lenkungsausschuss bewertet die Projektleitdokumentation und wird im Falle einer Freigabe die Organisation sowie sonstige Stakeholder darüber informieren.

Aktivität Projekt freigeben	
Ereignis	Antrag auf Ausführung des Projekts, Ankündigung der Projektfreigabe, Vorzeitiger Abschluss
Input	Erfahrungsprotokoll, Projektleitdokumentation, Nutzenrevisionsplan
Genehmigen	Projektleitdokumentation, Nutzenrevisionsplan

< Abb.
Aktivität: Projekt freigeben

Phasen- oder Ausnahmeplan freigeben
Zum Ende einer Managementphase legt der Projektmanager dem Lenkungsausschuss den Phasenabschlussbericht, den Phasenplan für die nächste Phase bzw. den Ausnahmeplan sowie den Nutzenrevisionsplan und die aktualisierte Projektleitdokumentation vor. Der Lenkungsausschuss wird die vorhandenen Informationen im Rahmen einer formalen Phasenabschlussbewertung prüfen und die nächste Phase freigeben oder das Projekt vorzeitig beenden. In einigen Fällen kann der Lenkungsausschuss vor einer entsprechenden Entscheidung auch noch zusätzliche Informationen anfordern.

Hat der Projektmanager während der Phase einen Ausnahmebericht an den Lenkungsausschuss eskaliert, ist es möglich, dass der Lenkungsausschuss per Ad-Hoc-Anweisung einen Ausnahmeplan vom Projektmanager anfordert. Dieser wird vom Lenkungsausschuss im Rahmen einer Ausnahmebewertung geprüft und im Idealfall freigegeben. Mit der Freigabe wird aus dem Ausnahmeplan der Phasenplan der nächsten Phase.

Folgende Aktivitäten werden empfohlen bzw. sind möglich:

- Prüfung des Projektfortschritts anhand des Projektplans
- Erfahrungsbericht prüfen
- Risiken bewerten
- Prüfen der Produktlieferung
- Prüfen des Konfigurationsmanagements auf Vollständigkeit der Dokumentation des Fortschritts und der Produkte
- Bewerten und Freigeben des Phasenplans oder des Ausnahmeplans
- Freigabeerteilung an Projektmanager zur Fortführung des Projekts
- Anpassung des Projektmanagementteams und der Kommunikationsmanagementstrategie prüfen

Abb. > Aktivität: Phasen- oder Ausnahmeplan freigeben

Aktivität Phasen- oder Ausnahmeplan freigeben	
Ereignis	Antrag auf Genehmigung eines Ausnahmeplans, Antrag auf Genehmigung des nächsten Phasenplans, Freigabe der Phase, vorzeitiger Abschluss, Freigabe des Ausnahmeplans
Input	Phasenabschlussbericht (Erfahrungsbericht, Empfehlung für Folgeaktionen), Phasenplan, Ausnahmeplan, Nutzenrevisionsplan, Projektleitdokumentation
Genehmigen	Projektleitdokumentation (falls aktualisiert), Phasenabschlussbericht (Erfahrungsbericht, Empfehlung für Folgeaktionen), Phasenplan, Nutzenrevisionsplan

Ad-hoc-Anweisungen geben

Diese Aktivität bildet die Schnittstelle zu allen anderen Prozessaktivitäten des Projektmanagers während der Phase. Jede Art von Anfrage, Berichterstattung oder Eskalation wird prozessual durch „Ad-hoc-Anweisung geben" beantwortet. Der Lenkungsausschuss kann jederzeit das Unternehmens- oder Programmmanagement um Rat fragen oder eine Weisung einholen oder auch entsprechende Weisungen an den Projektmanager geben.

Der Projektmanager berichtet in den vereinbarten, regelmäßigen Abständen über den Projektfortschritt in Form des Projektstatusberichts an den Lenkungsausschuss. Dieser kann - falls nötig - auf den Bericht in Form einer Ad-hoc-Anweisung reagieren.

Sollte der Projektmanager einen Ausnahmebericht eskalieren, hat der Lenkungsausschuss im Rahmen der Aktivität „Ad-Hoc-Anweisung geben" fünf Reaktionsmöglichkeiten:

- Anfordern eines Ausnahmeplans, der die Ausnahme in einem neuen Phasenplan einplant
- Weisung das Projekt vorzeitig zu beenden
- Erweiterung der Phasentoleranzen und/oder Projekttoleranzen (nur mit Genehmigung durch das Unternehmens- bzw. Programmmanagement)
- Weisung mit dem Projekt vorerst fortzufahren und weitere Informationen abzuwarten
- Zugestehen der qualitativen Toleranzverletzung in Form einer Konzession

Der Lenkungsausschuss kann in Form der Ad-hoc-Anweisung auf einen Offener-Punkt-Bericht des Projektmanagers reagieren, d.h. einer Änderung bzw. einem allgemeinen Anliegen zustimmen oder auch nicht.

Der Lenkungsausschuss kann proaktiv per Ad-Hoc-Anweisung auf den Projektmanager zugehen und eine Weisung aussprechen, z.B. das Projekt vorzeitig zu beenden, Informationen oder Beschlüsse von Stakeholdern außerhalb des Projekts einbringen oder sonstige Weisung von Seiten des Unternehmens- oder Programmmanagements.

Abb. >
Aktivität: Ad-hoc-Anweisung geben

Aktivität Ad-hoc-Anweisungen geben	
Ereignis	Weisungsanfrage des Projektmanagers, Gemeldete Ausnahme, Ratschläge und Entscheidungen des Unternehmens
Output	Weisungsanfrage an Lenkungsausschuss, Ratschläge des Lenkungsausschusses, Anforderungen eines Ausnahmeplans, Vorzeitiger Abschluss
Melden	Neuer Offener Punkt

Projektabschluss freigeben

Diese Aktivität sollte die letzte in einem PRINCE2-Projekt sein und das Projekt offiziell beenden. Zu dem formalen Abschluss gehört die Entlastung des Projektmanagers, Übergabe aller Produkte an die Verantwortlichen aus der Linienorganisation (Betriebs- und Wartungsumgebung) und das Kommunizieren des Projektabschlusses. Basis der Entscheidung, den Abschluss freizugeben, ist der Abgleich der aktuellen und ursprünglichen Version der Projektleitdokumentation und genehmigen des Projektabschlussberichts. Der Nutzenrevisionsplan wird vom Lenkungsausschuss geprüft und anschließend freigegeben. Der Plan wird an den Benutzervertreter übergeben, der nach Ende des Projekts im Namen des Unternehmens- oder Programmmanagements die Nutzenrevision verantwortet. Abschließend versendet der Lenkungsausschuss die „Ankündigung des Projektabschlusses" wie in der Kommunikationsmanagementstrategie definiert.

Abb. >
Aktivität: Projektabschluss genehmigen

Aktivität Projektabschluss genehmigen	
Ereignis	Empfehlung des Projektabschlusses, Ankündigung des Projektabschlusses
Input	Projektleitdokumentation (Business Case), Projektabschlussbericht (Erfahrungsbericht, Empfehlung für Folgeaktionen), Nutzenrevisionsplan

4.4 Initiieren eines Projekts (IP)

Mit der Freigabe der Initiierungsphase des Projekts durch den Lenkungsausschuss beginnt das Projekt. Diese Phase ist zugleich die erste und obligatorische Managementphase eines PRINCE2-Projekts.

Ziel aller Aktivitäten des Initiierungsprozesses ist es, das Projekt auf ein solides Fundament zu stellen. Alle im Projektverlauf folgenden Aufgaben erhalten so einen sicheren Managementrahmen, und ein ein valider Plan bildet die Grundlage des Handelns und der Kommunikation.

Es werden die verschiedenen Pläne, Aufgaben, Steuerungsmechanismen und Verantwortlichkeiten definiert und der Lenkungsausschuss bekommt die Werkzeuge (Steuerungsmittel) an die Hand, das Projekt zu steuern und zu lenken. In Summe werden Kriterien für die Entscheidungsfindung bei zukünftigen Aufgaben definiert und damit Steuerbarkeit und ein gemeinsames Verständnis ermöglicht. Jedes Mitglied des Projektmanagementteams sollte anschließend die Gründe für das Projekt verstanden haben und:

- welche Produkte zu liefern sind
- wer was verantwortet
- welche Meilensteine und Kosten geplant sind
- welche Qualität geliefert werden soll
- wie Risiken und offene Punkte verwaltet werden
- welche Kommunikationswege einzuhalten sind
- wie PRINCE2 in diesem Projekt Anwendung findet.

Es ist eine Grundphilosophie von PRINCE2 alle Projektbeteiligten über die getroffenen Vereinbarungen zu informieren. Dadurch wird eine aktive Mitarbeit gefördert und jeder ist aufgefordert weitere Punkte einzubringen, wie das Projekt noch effektiver oder effizienter durchgeführt werden kann.

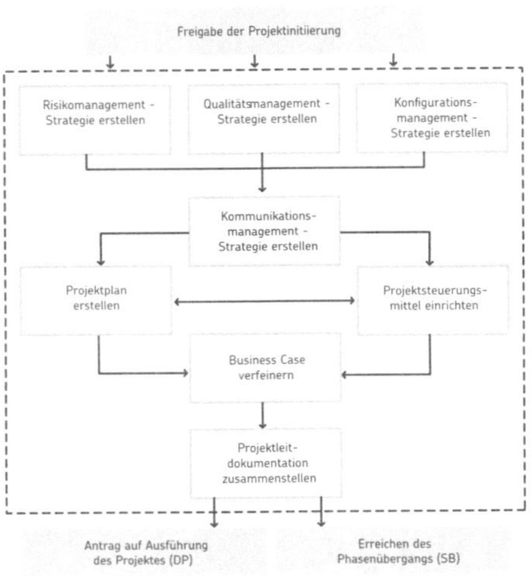

Abb. > Initiieren eines Projekts (Initiating a Project - IP)

Das wichtigste Produkt, das während des Prozesses Initiieren eines Projekts entsteht, ist die Projektleitdokumentation (**P**roject **I**nitiation **D**ocument = **PID**). Die Projektleitdokumentation enthält neben der Projektdefinition unter anderem:

- Die Risikomanagementstrategie
- Die Konfigurationsmanagementstrategie
- Die Qualitätsmanagementstrategie
- Die Kommunikationsmanagementstrategie
- Die Organisationsstruktur und Rollenbeschreibungen
- Den Projektlösungsansatz
- Den Business Case
- Den Projektplan
- Die Steuerungsmittel
- Die Anpassung von PRINCE2 an die Projektumgebung

Die Projektdefinition wird aus der Projektbeschreibung, die in „Vorbereiten eines Projektes" entwickelt wurde, abgeleitet und ggf. aktualisiert.

Der Projektplan beinhaltet Zeit- und Kostenschätzungen, die entsprechenden Produktbeschreibungen der zu liefernden Teilprodukte und auch die Produktbeschreibung des Projektendproduktes,

Zeitpläne sowie den Produktstrukturplan und die Produktflussdiagramme. Er bildet die Grundlage für die projektweite Kommunikation (intern und extern), ein erfolgreiches Risikomanagement sowie die Sicherung der Qualität und eine effektive Berichterstattung. Der Lenkungsausschuss hat mit dem Projektplan jederzeit den Sollstand vor Augen und kann den aktuellen Projektfortschritt mit diesem Plan vergleichen. Basierend auf diesen Informationen wird der Lenkungsausschuss in die Lage versetzt, fundierte Entscheidungen zu treffen.

Die Anpassung von PRINCE2 an die Projektumgebung kann unter Einhaltung der PRINCE2 Prinzipien zu verschiedenen Zeitpunkten erfolgen. Einzelne Prozesse oder Prozessaktivitäten können zusammengeführt oder auch erweitert werden. Inhalte der Managementprodukte können hinzugefügt oder neu zusammengesetzt werden. Zu beachten ist bei der Anpassung, dass zu jeder Zeit im Projekt die Einhaltung der Prinzipien sichergestellt sein muss.

Risikomanagementstrategie erstellen
In dieser Aktivität werden eine Risikomanagementstrategie und ein Risikoregister für das Projekt erstellt.
In der Risikomanagementstrategie werden die Ziele des Risikomanagements beschrieben, das anzuwendende Risikomanagementverfahren mit den entsprechenden Aktivitäten definiert, Rollen und Verantwortlichkeiten bestimmt, die Toleranzen definiert sowie die zu verwendenden Tools und Techniken und die Berichterstattung vereinbart.
Das Risikoregister dient dem aktiven Management der identifizierten Risiken. Inhalte können die Risikobeschreibung, die Eintrittsnähe, die Eintrittswahrscheinlichkeit, vorhandene Frühwarnindikatoren, die Auswirkung, die Risikobewertung mit dem erwarteten Risikowert, der Status, die gewählte Maßnahme und die Verantwortlichen sein.
Grundsätzlich wird zum jetzigen Zeitpunkt auch das notwendige Risikobudget vereinbart. Hierin kann ebenfalls ein sogenanntes Notfallbudget enthalten sein.

Abb. >
Aktivität: Risikomanagementstrategie erstellen

Aktivität Risikomanagementstrategie erstellen	
Ereignis	Freigabe der Projektinitiierung
Input	Projektbeschreibung, Erfahrungsprotokoll, Projekttagebuch
Erstellen	(Teil der) Projektleitdokumentation (Risikomanagementstrategie), Risikoregister

Konfigurationsmanagementstrategie erstellen
Um Spezialisten- und Managementprodukte richtig zu verwalten, wird die Konfigurationsmanagementstrategie erstellt. In dieser Strategie wird die Administration der Produkte und deren Aufbewahrung und Dokumentation definiert. Außerdem regelt die Konfigurationsmanagementstrategie wie mit Änderungen verfahren wird, wie die Produkte versioniert werden und definiert die entsprechenden Verantwortlichkeiten. Die Tiefe der Dokumentation ist abhängig von der Art und Komplexität des Projekts sowie den Abhängigkeiten zwischen den Produkten.

Jedes Produkt wird in Form eines Datensatzes im Verlauf des Projekts dokumentiert und der Status aktualisiert. Dieses Configuration Item (CI) – Konfigurationselement – wird vom Konfigurationsadministrator gesteuert und in Form des Managementproduktes Konfigurationsdatensatz dokumentiert.
In der Aktivität „Konfigurationsmanagementstrategie erstellen" wird auch das Register offener Punkte angelegt, in dem alle formalen Offenen Punkte, also Probleme/Anliegen, Spezifikationsabweichungen und Änderungsanträge, aufgezeichnet werden.

Aktivität Konfigurationsmanagementstrategie erstellen	
Ereignis	Freigabe der Projektinitiierung
Input	Projektbeschreibung, Erfahrungsprotokoll, Risikoregister, Projekttagebuch
Erstellen	(Teil der) Projektleitdokumentation (Konfigurationsmanagementstrategie), Konfigurationsdatensätze, Register offener Punkte
Aktualisieren	(Teil der) Projektleitdokumentation (Struktur des Projektmanagementteams, Rollenbeschreibungen)

< Abb.
Aktivität: Konfigurationsmanagementstrategie erstellen

Qualitätsmanagementstrategie erstellen

Die Qualitätsmanagementstrategie hat die zentrale Aufgabe, die folgende Frage zu beantworten: Was ist zu tun, damit das Projektendprodukt den Erwartungen des Kunden entspricht? Diese Strategie beschreibt das projektinterne Qualitätsmanagementsystem.

Inhalte der Qualitätsmanagementstrategie sind:

- Verweise auf Standards (Qualitätsmanagementpolicy) und Handbücher
- Verfahren (Qualitätsplanung, Sicherung und Steuerung) in Form des Qualitätskontrollpfads
- Tools und Techniken
- Anforderungen an das Qualitätsregister
- Zeitpläne
- Rollen und Verantwortlichkeiten (projektintern und organisationsweit)

Aktivität Qualitätsmanagementstrategie erstellen	
Ereignis	Freigabe der Initiierung
Input	Projektbeschreibung (Produktbeschreibung des Projektendproduktes), Erfahrungsprotokoll, Risikoregister, Register offener Punkte
Erstellen	(Teil der) Projektleitdokumentation (Qualitätsmanagementstrategie), Qualitätsregister

< Abb. .
Aktivität: Qualitätsmanagementstrategie erstellen

Kommunikationsmanagementstrategie erstellen

Die Kommunikationsmanagementstrategie beschreibt wer von wem was, wann, in welchem Format erhält, d.h., wie Informationen zwischen den Mitgliedern des Projektmanagementteams und zu externen Stakeholdern ausgetauscht werden. Einen Schwerpunkt bildet hier die Kommunikation zwischen dem Projekt und dem Unternehmens- oder Programmmanagement.
Zusätzlich werden die zu verwendenden Tools, das Kommunikationsverfahren, die zu informierenden Stakeholder und die Rollen und Verantwortlichkeiten bestimmt.

Abb. > Aktivität: Kommunikationsmanagementstrategie erstellen

Aktivität Kommunikationsmanagementstrategie erstellen	
Input	Projektbeschreibung, Erfahrungsprotokoll, Risikoregister, Register offener Punkte, Teil der Projektleitdokumentation (Risiko-, Qualitäts- und Konfigurationsmanagementstrategie)
Erstellen	Teil der Projektleitdokumentation (Kommunikationsmanagementstrategie)

Eine gute und vor allem eine gelebte Kommunikationsmanagementstrategie stellt sicher, dass alle Beteiligten den gleichen Informationsstand haben und verhindert „böse" Überraschungen auf allen Managementebenen.

Steuerungsmittel einrichten

Projektsteuerungsmittel sind Mechanismen, die helfen, den Projektfortschritt auf jeder Managementebene zu beurteilen und auf dieser Grundlage richtige Entscheidungen zu treffen. Die Steuerungsmittel werden auf allen Managementebenen angewendet. So werden z.B. durch die Managementebenen Lenken, Managen und Liefern die Toleranzen „top-down" für die jeweiligen Ebenen festgelegt, die dann wiederum über ein eindeutiges Berichtsverfahren „Bottom-Up" gesteuert werden. Dadurch wird der frühzeitige

Informationsaustausch gefördert und gleichzeitig (zu) späte Eskalation verhindert.
In diesem Zusammengang werden parallel zum Projektplan ebenfalls die entsprechenden Phasenübergänge definiert. Grundlage für diese Entscheidung sind im Wesentlichen die folgenden Fragen:

- Wann hat das Projekt einen wichtigen Entscheidungspunkt erreicht?
- Wie hoch sind das Risiko und die Komplexität der einzelnen Phasen?

Die Aufteilung in Managementphasen ist ein wichtiger Steuerungsmechanismus, da dadurch an den jeweiligen Phasenübergängen Informationen bereitgestellt werden, die den Lenkungsausschuss bei der Entscheidung unterstützen, ob mit dem Projekt fortgefahren werden soll. Hier werden zeitgesteuerte und ereignisgesteuerte Steuerungsmittel gemeinsam mit dem Projektplan definiert. Das bedeutet, es wird festgelegt, zu welchen Zeitpunkten im Projektverlauf verschiedene Managementprodukte zur Bestimmung und Steuerung des Projektfortschritts genutzt werden. Das Eskalationsprozedere, die Delegation der Toleranzen und die Überwachung der Arbeitspakete gehören ebenso zu den Steuerungsmitteln wie der Inhalt bestimmter Berichte und das Management Offener Punkte.

Aktivität Projektsteuerungsmittel einrichten	
Input	Erfahrungsprotokoll, Projektbeschreibung, Risikoregister, Register offener Punkte, (Teil der) Projektleitdokumentation (Qualitäts-, Risiko-, Konfigurations- und Kommunikationsmanagementstrategie)
Erstellen	(Teil der) Projektleitdokumentation (Projektsteuerungsmittel, Rollenbeschreibungen
Aktualisieren	(Teil der) Projektleitdokumentation (Struktur des Projektmanagementteams)

< Abb.
Aktivität: Projektsteuerungsmittel einrichten

Projektplan erstellen

Die wohl wichtigste Aktivität des Prozesses Initiieren eines Projekts ist die Erstellung des Projektplans. Dieser Plan dient dem Lenkungsausschuss zur Beurteilung des Projektfortschritts.

Projektplanung ist sehr zeitintensiv und kann in der Regel nicht alleine durch den Projektmanager durchgeführt werden. Vielmehr wird in verschiedenen Workshops mit Spezialisten der Lieferebene der Plan gemeinsam erstellt. Denn in aller Regel hat der Projektmanager dieses umfassende Spezialistenwissen nicht (und muss es auch nicht haben).

Der Projektplan wird in seiner ersten Version die Laufzeit des Projekts, die benötigten Ressourcen sowie die Produktbeschreibung des Projektendproduktes, die Produktbeschreibungen der Hauptprodukte des Projekts sowie einen Produktstrukturplan und ein Flussdiagramm enthalten.

Abb. >
Aktivität: Projektplan erstellen

Aktivität Projektplan erstellen	
Input	Erfahrungsprotokoll, Risikoregister, Register offener Punkte, Projektbeschreibung (Projektlösungsansatz, Produktbeschreibung des Projektendproduktes), (Teil der) Projektleitdokumentation (Qualitäts-, Kommunikations-, Risiko- und Konfigurationsmanagementstrategie, Projektsteuerungsmittel)
Erstellen	(Teil der) Projektleitdokumentation (Projektplan)
Aktualisieren	Konfigurationsdatensätze, (Teil der) Projektleitdokumentation (Struktur des Projektmanagementteams, Rollenbeschreibungen)

Business Case verfeinern

Die geschäftliche Rechtfertigung für ein Projekt wurde bereits in Vorbereiten eines Projekts in dem Business Case-Entwurf aufgezeigt. Mit Fertigstellung des Projektplans und den dort enthaltenen Rahmendaten kann der Business Case nun verfeinert werden.

Am Ende steht dem Lenkungsausschuss ein vollständiger Business Case zu Verfügung. Dieser enthält detaillierte Informationen zu:

- Zeit
- Kosten
- Investitionskostenrechnung
- Risiken
- erwarteten negativen Nebeneffekten
- erwartetem Nutzen
- Gründen und den Optionen

Auf Basis dieser geschäftlichen Rechtfertigung entscheidet der Lenkungsausschuss über die Fortführung des Projektes bzw. den vorzeitigen Abschluss.

Ein weiterer Bestandteil dieses Prozesses und dieser Aktivität ist die Erstellung des Nutzenrevisionsplans, der von nun an während der gesamten Projektlaufzeit parallel zum Business Case aktualisiert wird.

Der Nutzenrevisionplan plant, wann Nutzenrevisionen durchzuführen sind, welche Ressourcen für eine Nutzenrevision benötigt werden und welche Aktionen hierbei auszuführen sind.

Der eigentliche Nutzen des Projekts entsteht erst nach dem Projekt, wenn das Endprodukt übergeben wurde. Abhängig vom Produkt kann das kurz nach dem Projekt oder auch erst mehrere Jahre später sein. Es ist aber durchaus möglich, dass auch Nutzen während des Projekts erzielt wird. Für diesen Fall werden im Nutzenrevisionsplan Revisionen noch während der Projektlaufzeit eingeplant. Die Ergebnisse werden ebenfalls im Nutzenrevisionsplan verzeichnet.

Wenn das Projekt Teil eines Programms ist, kann bereits durch das Programm ein Nutzenrevisionsplan bereitgestellt worden sein.

Abb. >
Aktivität: Buisness Case verfeinern

Aktivität Business Case verfeinern	
Input	Projektbeschreibung (Entwurf des Business Case), (Teil der) Projektleitdokumentation (Projektplan), Risikoregister
Erstellen	Nutzenrevisionsplan, (Teil der) Projektleitdokumentation (Detaillierter Business Case)

Projektleitdokumentation zusammenstellen

Die Projektleitdokumentation ist das Hauptmanagementprodukt aus dem Prozess Initiieren eines Projekts und bildet ab dem Zeitpunkt der Freigabe des Projekts durch den Lenkungsausschuss die Baseline für das Projekt. Die Projektleitdokumentation kann als Vertrag zwischen dem Lenkungsausschuss und dem Projektmanager angesehen werden. Da sich die Projektleitdokumentation aus vielen einzelnen Managementprodukten zusammensetzt, ist es häufig kein physisches Dokument, sondern eine logische Ordnung von Dokumenten.

Die Projektleitdokumentation enthält folgende Managementprodukte:

- Projektdefinition
- Organisationsstruktur des Projektmanagementteams und Rollenbeschreibungen
- Projektlösungsansatz
- Business Case
- Projektplan
- Qualitätsmanagementstrategie
- Konfigurationsmanagementstrategie
- Risikomanagementstrategie
- Kommunikationsmanagementstrategie
- Projektsteuerungsmittel
- Anpassung von PRINCE2 auf das Projektumfeld

Im Anschluss wird der Antrag auf Ausführung des Projekts eingereicht.

Diese Aktivität löst zum einen den Prozess Lenken eines Projekts aus, da der Lenkungsausschuss formal die Projektausführung freigeben muss. Zum anderen wird der Prozess Managen eines Phasenübergangs ausgelöst, da gleichzeitig der Phasenplan für die nächste Phase erstellt werden muss.

Aktivität Projektleitdokumentation zusammenstellen	
Input	Projektbeschreibung (Projektdefinition, Projektlösungsansatz), Business Case, Struktur des Projektmanagementteams, Rollenbeschreibungen, Qualitätsmanagementstrategie, Konfigurationsmanagementstrategie, Risiko-managementstrategie, Kommunikationsmanagementstrategie, Projektplan, Projektsteuerungsmittel, Anpassung von PRINCE2
Erstellen	Projektleitdokumentation
Ereignis	Antrag auf Ausführung des Projekts, Erreichen des Phasenübergangs

< Abb.
Aktivität: Projektleitdokumentation zusammenstellen

4.5 Managen eines Phasenübergangs (SB)

Projekte sollten Ergebnisse erzielen, mit denen die Erreichung von strategischen Zielen unterstützt wird. Die Phasenübergänge des Projektes sind ideale Zeitpunkte, um den Projektfortschritt zu bewerten. In diesem Zusammenhang muss auch geprüft werden, inwiefern der angestrebte Nutzen noch erreichbar ist, bzw. ob dieser Nutzen noch die strategischen Ziele unterstützt.
Damit diese Bewertung durch den Lenkungsausschuss vorgenommen werden kann, stellt der Projektmanager im Rahmen des Prozesses Managen eines Phasenübergangs alle notwendigen Informationen zusammen und aktualisiert die entsprechenden Managementprodukte.
Der Projektmanager stellt sicher, dass alle Produkte der vergangenen Phase wie vereinbart hergestellt wurden, dokumentiert seine Erfahrungen, erstellt einen Phasen- oder ggf. Ausnahmeplan, aktualisiert den Projektplan, den Business Case und das Risikoregister und beantragt die Freigabe des Plans für die nächste Phase.
Generell wird der Prozess Managen eines Phasenübergangs zu jedem Phasenende durchgeführt. Hierbei ist es unerheblich, ob das Phasenende planmäßig erreicht wurde oder eine Ausnahmesituation die bestehende Phase vorzeitig beendet und der Lenkungsausschuss einen Ausnahmeplan angefordert hat. Dieser Prozess wird nur in zwei Fällen nicht am Ende einer Phase ausgelöst, wenn entweder das planmäßige oder das vorzeitige Ende des Projektes erreicht wurde. In diesen Fällen wird der Prozess Abschließen eines Projekts ausgelöst.

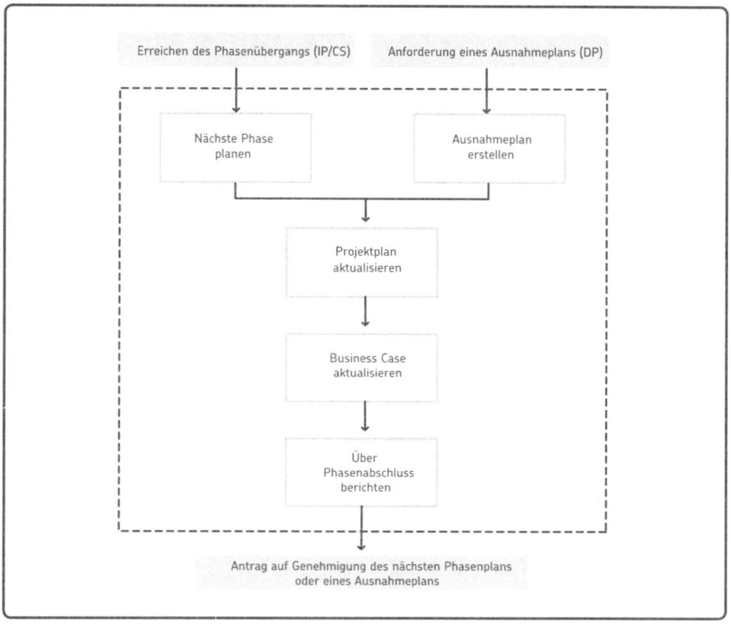

< Abb.
Managen eines Phasenübergangs (Managing a Stage Boundary - SB) based on AXELOS PRINCE2® material.
Reproduced under licence from AXELOS.

Nächste Phase planen

Der Projektmanager wird mit Unterstützung der Spezialisten aus der Lieferebene einen Phasenplan (Anhang A12) für die nächste Phase erstellen. Hierfür müssen die Projektleitdokumentation, die Kundenqualitätserwartungen und Abnahmekriterien sowie der Projektlösungsansatz einbezogen werden. Denn hierin sind wesentliche Informationen und Anforderungen für die Teilprodukte der zu planenden Phase definiert. Zu jedem geplanten Produkt werden entsprechende Konfigurationsdatensätze angelegt, das Risikoregister und das Register offener Punkte werden entsprechend aktualisiert, im Qualitätsregister die Prüfungstermine für die Produkte der nächsten Phase eingetragen und die Verantwortlichen entsprechend informiert.

Es ist möglich, dass Personen aus dem Projektmanagementteam ausscheiden und/oder neue Mitglieder hinzukommen. Diese werden vom Projektmanager in ihre Rolle und Verantwortung eingewiesen und die organisatorischen Veränderungen werden in der Projektleitdokumentation dokumentiert.

Abb. >
Aktivität: Nächste Phase planen

Aktivität Nächste Phase planen	
Ereignis	Sich nähernder Phasenübergang
Input	Projektleitdokumentation, Register offener Punkte, Risikoregister, Erfahrungsprotokoll
Aktualisieren	Projektleitdokumentation, Konfigurationsdatensätze, Risikoregister, Register offener Punkte, Qualitätsregister
Erstellen	Phasenplan (nächste Phase), Produktbeschreibungen

Projektplan aktualisieren

Auf Grundlage des Phasenplans und der Ergebnisse der vergangenen Phase wird der Projektplan aktualisiert.

Wie bereits erwähnt, werden auch bei der Aktualisierung des Projektplans die bekannten Schritte zur Erstellung eines Plans durchlaufen. Wenn in diesem Zusammenhang weitere offene Punkte oder Risiken identifiziert werden, müssen die entsprechenden Register ebenfalls aktualisiert werden.

Abb. >
Aktivität: Projektplan aktualisieren

Aktivität Projektplan aktualisieren	
Input	Phasenplan (aktuelle & nächste Phase), Projektleitdokumentation, Ausnahmeplan
Aktualisieren	Register offener Punkte, Risikoregister, Projektleitdokumentation (Projektplan)

Business Case aktualisieren

Eine Aktualisierung des Projektplans macht in der Regel auch eine Aktualisierung des Business Case notwendig, da diese beiden Managementprodukte in ihren Kerninformationen übereinstimmen. Darüber hinaus können aber auch Entwicklungen in der Organisation sowie interne und externe Einflüsse die ursprünglichen Einschätzungen im Business Case hinfällig machen. Diese Veränderungen müssen sich dann in einem aktualisierten Business Case

widerspiegeln. Dies ist besonders dann der Fall, wenn sich bekannte Risiken verändert haben, bzw. neue Risiken und/oder offene Punkte identifiziert wurden. Genehmigte Änderungen und Spezifikationsabweichungen können sich ebenfalls auf den Business Case auswirken.
Daher sollte der Business Case spätestens zum Phasenende auf diese Einflussgrößen hin geprüft und ggf. aktualisiert werden. Nicht jede Aktualisierung hat zwingend negative Konsequenzen, es können durchaus Umstände eintreten, die positive Auswirkungen auf den Business Case haben.
Jede Änderung am Business Case hat grundsätzlich in Absprache mit dem Auftraggeber zu erfolgen, da er der Eigentümer des Business Case ist.

Die Beziehung zwischen Business Case und Nutzenrevisionsplan ist ähnlich dem zwischen Business Case und Projektplan. Wenn die Anpassung des erwarteten Nutzens notwendig wird, weil z.B. durch eine Änderung mehr Nutzen realisiert werden kann, muss der Nutzenrevisionsplan aktualisiert werden.

Aktivität Business Case aktualisieren	
Input	Risikoregister, Register offener Punkte, Projektleitdokumentation (Projektplan), Nutzenrevisionsplan
Aktualisieren	Business Case, Nutzenrevisionsplan, Risikoregister, Register offener Punkte

< Abb.
Aktivität: Buisness Case aktualisieren

Über Phasenabschluss berichten

Der Projektmanager fasst die Ergebnisse der aktuellen Phase zusammen und erstellt den Phasenabschlussbericht. Dieser informiert den Lenkungsausschuss und ggf. andere Stakeholder über:

- die in dieser Phase erstellten Produkte
- die durchgeführten Qualitätsprüfungen und deren Ergebnisse
- benötigte Zeit, angefallene Kosten und eventuelle Toleranzabweichungen

- die Ergebnisse eventueller Nutzenrevisionen
- gemachte Erfahrungen
- Veränderungen in der Organisationsstruktur und dem Projektmanagementteam
- die Zielerreichung der vergangenen Phase.

Zusätzlich gibt der Projektmanager noch eine persönliche Bewertung des Projektfortschritts und des Business Case ab. In diesem Zusammenhang beurteilt er, ob aus seiner Sicht die Projektziele noch erreicht werden können bzw. was getan werden muss, um diese noch zu erreichen.

Sollte eine Ausnahmesituation auftreten, kann der Lenkungsausschuss von einem formalen Phasenabschlussbericht absehen, wenn z.B. bereits kurz nach dem Phasenbeginn die Ausnahme an den Lenkungsausschuss eskaliert wurde.

Abschließend stellt der Projektmanager den Antrag zur Genehmigung eines Phasen- oder ggf. Ausnahmeplans.

Abb. >
Aktivität: Über Phasenabschluss berichten

Aktivität Über Phasenabschluss berichten	
Input	Projektleitdokumentation (Business Case, Kommunikationsmanagement)
Erstellen	Phasenabschlussbericht (aktuelle Phase), Erfahrungsbericht
Ereignis	Antrag auf Genehmigung des nächsten Phasenplans, Antrag auf Genehmigung eines Ausnahmeplans

Ausnahmeplan erstellen

Eine Ausnahmesituation im Projekt ist dann eingetreten, wenn die Phasentoleranzen überschritten wurden bzw. eine Überschreitung absehbar ist. Der Projektmanager eskaliert in diesem Fall einen Ausnahmebericht an den Lenkungsausschuss. Der Lenkungsausschuss kann nun im Rahmen einer Ad-Hoc-Anweisung einen Ausnahmeplan anfordern.

Das Vorgehen ist das gleiche wie bei der Erstellung eines Phasenplans; es werden die notwendigen Spezialisten hinzugezogen und die Ausnahme wird in den Überlegungen betrachtet. Dieser Ausnahmeplan ersetzt – wenn er vom Lenkungsausschuss freigegeben wurde – den Phasenplan.

Auch hier sind offene Punkte und Risiken in den entsprechenden Registern zu aktualisieren. Die Projektleitdokumentation wird ebenfalls angepasst, die Konfigurationsdatensätze für die Produkte werden neu erstellt bzw. aktualisiert.

Zu guter Letzt wird das Qualitätsregister mit den neuen Prüfungsterminen der Produkte aktualisiert.

Ausnahmepläne werden ausschließlich dann erstellt, wenn der Lenkungsausschuss sie anfordert.

Aktivität Ausnahmeplan erstellen	
Ereignis oder Input	Anforderung eines Ausnahmeplans
Input	Phasenplan, Ausnahmebericht, Register offener Punkte, Risikoregister, Projektleitdokumentation
Erstellen	Ausnahmeplan (inkl. Produktbeschreibungen)
Aktualisieren	Register offener Punkte, Projektleitdokumentation, Konfigurationsdatensätze, Qualitätsregister, Risikoregister

< Abb.
Aktivität: Ausnahmeplan erstellen

4.6 Steuern einer Phase (CS)

Der Prozess Steuern einer Phase beschreibt die Aktivitäten des „Daily Business“, das Tagesgeschäft des Projektmanagers.
Hierbei geht es neben der Steuerung aller geplanten Tätigkeiten auch und vor allem um den Umgang mit ungeplanten Ereignissen, wie Änderungen, Risiken oder offenen Punkten.
Die Aufgaben des Projektmanager sind im Einzelnen:

- Delegieren und Überwachen von Arbeitspaketen
- Überwachen des Phasenfortschritts
- Überwachen der Toleranzen
- Management aller auftretenden Risiken
- Management der offenen Punkte (Probleme/Anliegen, Spezifikationsabweichungen oder Änderungsanträge)
- Berichterstattung an den Lenkungsausschuss

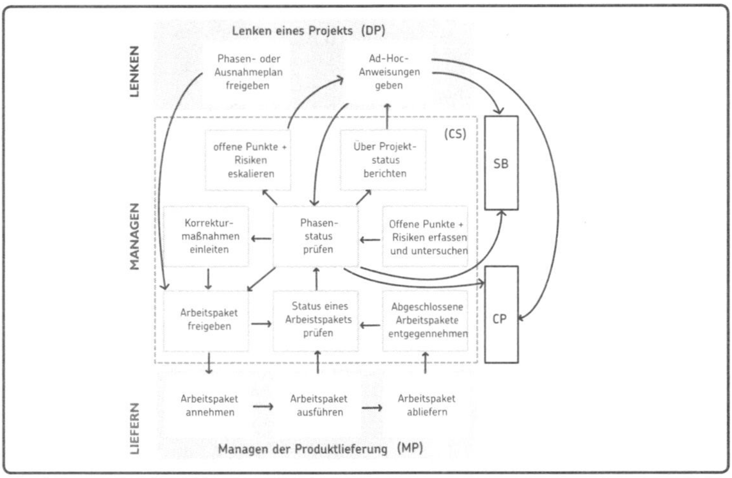

Abb. > Steuern einer Phase (Controlling a Stage - CS) based on AXELOS PRINCE2® material.

Arbeitspaket freigeben

Wurde der aktuelle Phasen- oder Ausnahmeplan durch den Lenkungsausschuss freigegeben, gehört es zu den ersten Aktivitäten des Projektmanagers, ein oder mehrere Arbeitspakete an den Teamanager zu übergeben. Diese Freigabe kann als Vereinbarung zwischen dem Projektmanager und dem jeweiligen Teammanager angesehen werden, der beide Seiten zustimmen müssen.

Das Arbeitspaket kann auch einem rechtlich bindenden Vertrag entsprechen, wenn es sich z.B. um einen externen Lieferanten handelt. In jedem Fall beschreibt ein Arbeitspaket die notwendigen Arbeiten und Abhängigkeiten, die für die Produkterstellung notwendig sind und beachtet werden müssen. Die Produktbeschreibung ist Bestandteil des Arbeitspakets.
Arbeitspakete können auch nach der Prüfung des Phasenstatus oder als Korrekturmaßnahme, als Reaktion auf einen Offenen Punkt oder ein Risiko freigegeben werden.

Generell muss der Projektmanager in dieser Aktivität die Projektleitdokumentation beachten und sicherstellen, dass der Phasenplan eingehalten wird. Ebenso zählt es zu den Aufgaben des Projektmanagers, die Toleranzen mit dem Teammanager zu vereinbaren, den Teamplan zu prüfen sowie die Konfigurationsdatensätze, das Register offener Punkte und/oder das Risikoregister zu aktualisieren.

Aktivität Arbeitspaket freigeben	
Ereignis	Freigabe der Phase, Ausnahmeplan genehmigt, Freigabe der Lieferung eines Arbeitspakets
Input	Phasenplan + Produktbeschreibungen, Projektleitdokumentation (Qualitätsmanagementstrategie, Konfigurationsmanagementstrategie, Projektsteuerungsmittel), Teamplan, Korrekturmaßnahme, neues Arbeitspaket
Erstellen	Arbeitspakete
Aktualisieren	Phasenplan, Konfigurationsdatensätze, Qualitätsregister, Risikoregister, Register offener Punkte

< Abb.
Aktivität: Arbeitspaket freigeben

Status eines Arbeitspakets prüfen

Der Projektmanager hat im Arbeitspaket definiert, in welchen Abständen er über den Fortschritt des Status des Arbeitspakets informiert werden möchte. Diese Informationen werden dem Projektmanager mit dem Teamstatusbericht mitgeteilt. Auf Grundlage dieser Informationen aktualisiert der Projektmanager dann ggf. den Phasenplan sowie das Risikoregister und/oder das Register offener Punkte.

Abweichungen von den Arbeitspakettoleranzen meldet der Teammanager als offenen Punkt.

Abb. >
Aktivität: Status eines Arbeitspaketes prüfen

Aktivität Status eines Arbeitspakets prüfen	
Input	Phasenplan, Arbeitspakete, Teamstatusberichte, Qualitätsregister, Teamplan, Risikoregister
Aktualisieren	Phasenplan, Konfigurationsdatensätze, Risikoregister, Register offener Punkte, Arbeitspaket

Abgeschlossene Arbeitspakete entgegennehmen

Wenn die Arbeiten des Teams abgeschlossen sind und die Qualitätsprüfung und ggf. auch eine Abnahme des oder der Produkte erfolgt sind, wird das Arbeitspaket vom Projektmanager entgegengenommen.

Der Projektmanager prüft in diesem Zusammenhang, ob die Produkte wie im Arbeitspaket vereinbart abgeliefert wurden und die entsprechende Aktualisierung der Konfigurationsdatensätze durch das Konfigurationsmanagement erfolgt ist.

Im Anschluss aktualisiert der Projektmanager den Phasenplan.

Abb. >
Aktivität: Abgeschlossene Arbeitspakete entgegennehmen

Aktivität Abgeschlossene Arbeitspakete entgegennehmen	
Ereignis	Abgeschlossenes Arbeitspaket
Input	Phasenplan, Qualitätsregister, Konfigurationsdatensätze
Aktualisieren	Konfigurationsdatensätze, Phasenplan

Phasenstatus prüfen

Die zentrale und auch vielschichtigste Aktivität des Prozesses Steuern einer Phase ist die Aktivität „Phasenstatus prüfen“. Der Projektmanager prüft im Rahmen dieser Aktivität den Projektfortschritt anhand des Phasenplans und greift ggf. steuernd ein.

Um die aktuelle Projektsituation richtig bewerten zu können, ist es notwendig, dass immer auch der Business Case und die Projekttoleranzen in die Betrachtungen einbezogen werden. Abhängig vom Input/Trigger für diese Aktivität kann der Projektmanager nach dieser Aktivität entweder eine Korrekturmaßnahme einleiten, ein Risiko oder einen offenen Punkt eskalieren, über den Projektstatus berichten, eine Weisung beim Lenkungsausschuss anfordern oder schlicht das nächste Arbeitspaket freigeben.

Wenn wesentliche Erfahrungen gemacht werden, wird das Erfahrungsprotokoll entsprechend aktualisiert.

Aktivität Phasenstatus prüfen	
Ereignis	Ratschläge des Lenkungsausschusses, Erreichen des Phasenübergangs, Erreichen des Projektendes, Weisungsanfrage
Input	Phasenplan, Qualitätsregister, Produktstatusauskunft, Teamstatusbericht, Register offener Punkte, Risikoregister, Projektleitdokumentation (Business Case, Projektplan) Korrekturmaßnahme
Aktualisieren	Risikoregister, Register offener Punkte, Phasenplan, Erfahrungsprotokoll, Offener-Punkt-Bericht
Output	Korrekturmaßnahme, drohende Toleranzüberschreitung, neues Arbeitspaket

< Abb.
Aktivität: Phasenstatus prüfen

Über Projektstatus berichten

Der Projektmanager informiert den Lenkungsausschuss über den Status des Projekts, wie in der Kommunikationsmanagementstrategie beschrieben. Hierfür nutzt er den Projektstatusbericht, der

an den Lenkungsausschuss gesendet wird. In diesem Bericht sind die wesentlichen Informationen aus den Teamstatusberichten, dem Risikoregister, dem Register offener Punkte, dem Qualitätsregister und dem Erfahrungsprotokoll zusammengefasst.
Abhängig davon, wie es in der Kommunikationsmanagementstrategie vereinbart ist, kann der Projektstatusbericht auch mündlich abgegeben werden. Das ist allerdings sehr stark vom Projektumfeld und vom Vertrauensverhältnis zwischen Projektmanager und Auftraggeber abhängig.

Abb. >
Aktivität: Über Projektstatus berichten

Aktivität Über Projektstatus berichten	
Input	Teamstatusberichte, Risikoregister, Register offener Punkte, Qualitätsregister, Erfahrungsprotokoll, Produktstatusauskunft, Phasenplan, Projekttagebuch, Projektstatusbericht (vorheriger Berichtszeitpunkt), Projektleitdokumentation (Kommunikationsmanagementstrategie)
Erstellen	Projektstatusbericht

Offene Punkte und Risiken erfassen und untersuchen
Im Projektalltag können von allen Projektbeteiligten (auch außerhalb der Projektorganisation) offene Punkte oder Risiken eingereicht werden.
Der Projektmanager muss anhand der Informationen entscheiden, inwiefern der gemeldete offene Punkt informell oder formal behandelt wird. Jeder formal zu führende offene Punkt wird ins Register offener Punkte aufgenommen. Im Eskalationsfall sollte der offene Punkt in einem Offener-Punkt-Bericht dokumentiert werden. In diesem Bericht wird dann während der gesamten Bearbeitung fortlaufend der Entscheidungsstand dokumentiert. Informell behandelte offene Punkte können ins Projekttagebuch eingetragen werden. Wenn aus einem offenen Punkt ein Risiko für das Projekt resultiert, ist dieses in das Risikoregister einzutragen und gemäß dem definierten Risikomanagementverfahren zu bearbeiten.

Ergibt die Untersuchung des offenen Punktes oder des Risikos, dass die Phasentoleranzen gefährdet sind, muss im Rahmen der Aktivität „Offene Punkte oder Risiken eskalieren" ein Ausnahmebericht erstellt und eskaliert werden.

Aktivität Offene Punkte und Risiken erfassen und untersuchen	
Input	Neuer offener Punkt, neues Risiko, Phasenplan, Projektleitdokumentation (Business Case, Projektplan, Kommunikationsmanagementstrategie, Konfigurationsmanagementstrategie)
Aktualisieren	Projekttagebuch, Register offener Punkte, Risikoregister
Erstellen	Offener-Punkt-Bericht
Ergebnis	Weisungsanfrage

< Abb.
Aktivität: Offene Punkte und Risiken erfassen und untersuchen

Offene Punkte und Risiken eskalieren

Sollten die Toleranzen der Phase gefährdet sein – die reine Vermutung ist hier schon ausreichend – muss der Projektmanager einen Ausnahmebericht an den Lenkungsausschuss eskalieren und verliert damit vorläufig das Mandat, das Projekt fortzuführen.

Der Projektmanager bestimmt anhand des Phasenplans die Abweichung und analysiert die voraussichtlichen Auswirkungen auf den Business Case. Zusätzlich identifiziert er Optionen, wie mit der Ausnahme umgegangen werden kann. Diese Optionen und die Empfehlung des Projektmanagers sind später Bestandteil des Ausnahmeplans.

Abschließend eskaliert der Projektmanager den Ausnahmebericht an den Lenkungsausschuss.

Der Ausnahmebericht kann in Einzelfällen nur an den Auftraggeber eskaliert werden, wenn das entsprechend in der Kommunikationsmanagementstrategie vereinbart wurde.

Abb. > Aktivität: Offene Punkte und Risiken eskalieren

Aktivität Offene Punkte und Risiken eskalieren	
Input	Drohende Toleranzüberschreitung, Projektleitdokumentation (Business Case, Projektplan), Phasenplan, Offener-Punkt-Bericht, Register offener Punkte, Risikoregister
Ereignis	Gemeldete Ausnahme
Erstellen	Ausnahmebericht
Output oder Ergebnis	Register offener Punkte, Risikoregister, Offener-Punkt-Bericht

Korrekturmaßnahmen einleiten

Korrekturmaßnahmen sind Aktivitäten, die (potentielle) Abweichungen vom Phasenplan verhindern bzw. minimieren sollen. Die Korrekturmaßnahmen werden durch den Projektmanager gewählt und in Form eines Arbeitspakets an den verantwortlichen Teammanager weitergegeben.

Anschließend aktualisiert der Projektmanager das Register offener Punkte, den Offener-Punkt-Bericht und den Konfigurationsdatensatz des oder der betroffenen Produkte.

Korrekturmaßnahmen dürfen nur dann durch den Projektmanager veranlasst werden, wenn diese nicht zu einer Toleranzüberschreitung führen. Andernfalls muss sofort eine Ausnahme an den Lenkungsausschuss eskaliert werden.

Abb. > Aktivität: Korrekturmaßnahmen einleiten

Aktivität Korrekturmaßnahmen einleiten	
Input	Projekttagebuch, Register offener Punkte, Risikoregister, Offener-Punkt-Bericht, Phasenplan, Konfigurationsdatensätze
Ereignis	Korrekturmaßnahme
Aktualisieren	Projekttagebuch, Register offener Punkte, Risikoregister, Offener-Punkt-Bericht, Phasenplan, Konfigurationsdatensätze

4.7 Managen der Produktlieferung (MP)

Der Prozess Managen der Produktlieferung beschreibt die notwendige Schnittstelle zwischen der Ebene „Liefern" und der Ebene „Managen". Wie die Herstellung im Detail erfolgt, ist aufgrund der Vielzahl von PRINCE2 Nutzern und Projekten nicht näher beschrieben. PRINCE2 hat den Anspruch, für jedes Projekt angewendet werden zu können. Aus diesem Grund ist es nicht möglich, die Erstellung von Spezialistenprodukten zu standardisieren.

Der Prozess Managen der Produktlieferung ermöglicht die Trennung von Verantwortlichkeiten und Aufgaben des Projektmanagers und des Teammanagers.

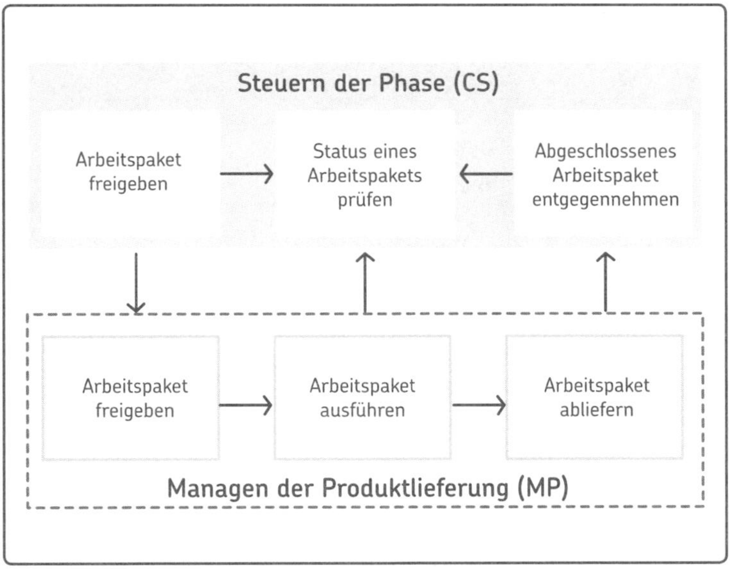

< Abb. Managen der Produktlieferung (Managing Product Delivery - MP) based on AXELOS PRINCE2® material. Reproduced under licence from AXELOS.

Arbeitspaket annehmen

Auslöser für diese Aktivität ist die Freigabe eines Arbeitspakets, nachdem Projektmanager und Teammanager gemeinsam vereinbart haben, was wie geliefert werden soll.

Im Arbeitspaket wir auch festgehalten, in welchen Abständen der Teamstatusbericht erstellt werden muss.

Sofern ein Teamplan erforderlich ist, erstellt der Teammanager diesen im Rahmen dieser Aktivität. Der Teammanager prüft außerdem die Risiken der Produkterstellung und das Qualitätsregister dahingehend, ob alle wesentlichen Vorkehrungen für die durchzuführenden Qualitätsprüfungen getroffen wurden. Abschließend bestätigt er dem Projektmanager, dass das Arbeitspaket wie vereinbart ausgeführt wird.

Abb. > Aktivität: Arbeitspakete annehmen

Aktivität Arbeitspaket annehmen	
Ereignis	Freigabe der Lieferung eines Arbeitspakets
Input	Arbeitspaket, Projektleitokumentation
Erstellen	Teamplan
Aktualisieren	Qualitätsregister
Genehmigen	Arbeitspaket
Melden	Neues Risiko

Arbeitspaket ausführen

Diese Aktivität deckt die eigentliche Erstellung des Produktes durch das entsprechende Team ab. Der Teammanager muss hierbei besonders darauf achten, dass die vereinbarten Arbeitspakettoleranz eingehalten wird. Sollten diese bedroht sein oder nicht eingehalten werden können, muss er einen offenen Punkt beim Projektmanager melden.

Des Weiteren hat der Teammanager die folgenden Aufgaben:

- Überwachung der Produkterstellung
- Berichten an den Projektmanager
- Sicherstellen der Produktfertigstellung innerhalb der Qualitätskriterien
- Durchführung der Qualitätsprüfung

Am Ende dieser Aktivität wird das Produkt bzw. werden die Produkte geprüft, wie im Qualitätsregister definiert. Hierzu schlägt PRINCE2 die Qualitätsprüfungstechnik aus dem

Thema Qualität vor. Durch sie wird sichergestellt, dass die Interessen aller Stakeholder bei der Produktprüfung vertreten sind. Anschließend kann das Produkt zusätzlich vom Kunden abgenommen werden, sofern vorgesehen.

Aktivität Arbeitspaket ausführen	
Input	Arbeitspaket, Teamplan, Projektleitdokumentation
Erstellen	Spezialistenprodukte, Teamstatusbericht
Aktualisieren	Qualitätsregister, Konfigurationsdatensätze, Teamplan
Einholen	Dokumentation der Produktabnahme
Melden	Neues Risiko, neuer offener Punkt

< Abb.
Aktivität: Arbeitspakete ausführen

Arbeitspaket abliefern

Zum Abschluss der Arbeiten des Teams wird das fertiggestellte Produkt an die Betriebs- und Wartungsumgebung, ein weiteres Projektteam zur Weiterverarbeitung oder an das Konfigurationsmanagement zur weiteren Aufbewahrung übergeben. Der Teammanager meldet dem Projektmanager und dem Konfigurationsmanager die Fertigstellung, nachdem er im Qualitätsregister geprüft hat, dass alle Produkte von den Prüfern abgenommen wurden.

Gegebenenfalls aktualisiert der Teammanager zum Abschluss den Status im Teamplan.

Aktivität Arbeitspaket abliefern	
Input	Arbeitspaket, Qualitätsregister, Konfigurationsdatensätze
Aktualisieren	Arbeitspaket, Teamplan
Ereignis	Abgeschlossenes Arbeitspaket

< Abb.
Aktivität: Arbeitspakete abliefern

4.8 Abschließen eines Projekts (CP)

Viele Projekte haben keinen ordentlichen formalen Abschluss. Noch nicht abgeschlossene Aufgaben bleiben unerledigt, da z.B. die Projektressourcen bereits mit anderen Dingen beschäftigt sind.
Die Aktivitäten innerhalb des Prozesses Abschließen eines Projekts sollen genau dies verhindern. PRINCE2 sieht ein Projekt auch dann als erfolgreich an, wenn es vorzeitig abgeschlossen wurde. Wichtig ist nur, dass alle Aktivitäten aus diesem Prozess erfolgreich durchgeführt wurden. Denn es ist tatsächlich auch ein Erfolg, wenn auf Basis vorhandener und oder neuer Informationen entschieden wird, ein Projekt vorzeitig zu beenden, wenn die geschäftliche Rechtfertigung nicht mehr gegeben ist. In der Realität wird genau das allerdings oft nicht getan.
Der Projektmanager lässt im Prozess Abschließen eines Projekts das Endprodukt oder die Endprodukte vom Kunden abnehmen und koordiniert anschließend die Übergabe der Verantwortung in die Linienorganisation. Eventuelle vorhandene Folgeaktion werden empfohlen und der Nutzenrevisionsplan ein letztes Mal aktualisiert.
Der Projektmanager bewertet das Projekt und fasst die Ergebnisse im Projektabschlussbericht zusammen. Die Bewertung wird auf Grundlage der ursprünglichen Projektleitdokumentation und den tatsächlich erzielten Ergebnissen durchgeführt.
Die Projektleitdokumentation wird archiviert und dem Lenkungsausschuss die Freigabe des Projektabschlusses empfohlen.

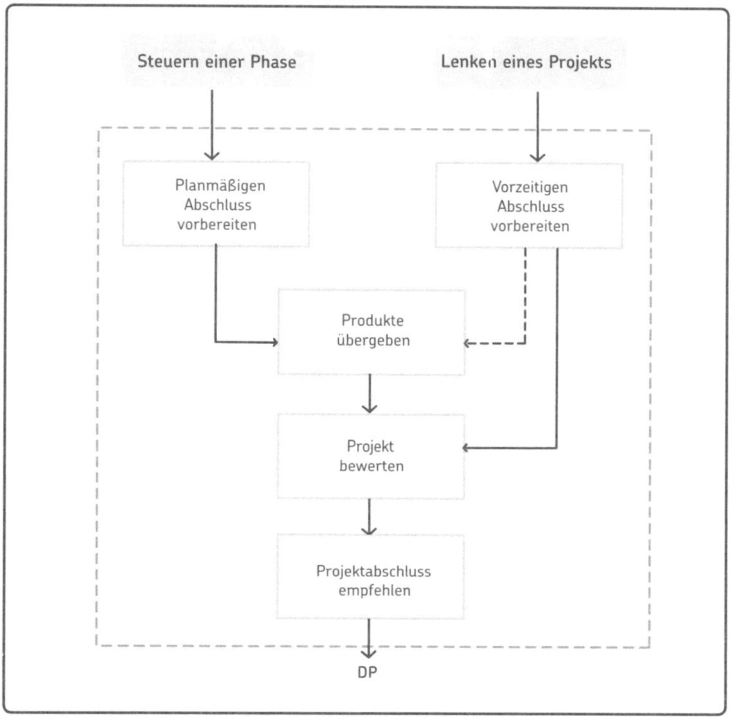

< Abb.
Abschließen eines Projekts (Closing a Project - CP)

Planmäßigen Abschluss vorbereiten

Bei dieser Aktivität prüft der Projektmanager auf Grundlage einer Produktstatusauskunft, ob wirklich alle Produkte mit den vereinbarten Qualitätskriterien geliefert wurden. Die Produktstatusauskunft wird beim Konfigurationsmanagement angefordert.

Anschließend prüft der Projektmanager, ob das Endprodukt den definierten Abnahmekriterien entspricht und organisiert gemeinsam mit der verantwortlichen Linienorganisation die Übergabe. Der Projektplan wird ein letztes Mal aktualisiert.

Aktivität Planmäßigen Abschluss vorbereiten	
Ereignis	Sich näherndes Projektende
Input	Produktstatusauskunft, Projektleitdokumentation (Projektplan)
Aktualisieren	Projektleitdokumentation (Projektplan)

< Abb.
Aktivität: Planmäßigen Abschluss vorbereiten

Vorzeitigen Abschluss vorbereiten

Der Lenkungsausschuss kann zu jedem Zeitpunkt im Projekt den vorzeitigen Abschluss anweisen. Gründe hierfür können z.B. politische Veränderungen im Unternehmen oder Programm sein, Informationen die dazu führen, dass die geschäftliche Rechtfertigung nicht mehr gegeben ist oder auch neue Prioritäten innerhalb der Organisation.

Auch in diesem Fall prüft der Projektmanager anhand der Produktstatusauskunft, welche Produkte bereits hergestellt wurden bzw. noch fertiggestellt werden sollen, um ggf. einen Teilnutzen realisieren zu können. Die dabei entstehenden zusätzlichen Aufwände müssen vom Projektmanager bewertet werden.

Im Register Offener Punkte wird das vorzeitige Ende als offener Punkt dokumentiert. Der Projektplan wird aktualisiert und die Zustimmung von der Betriebs- und Wartungsumgebung eingeholt, die erstellten Produkte zu übergeben.

Abb. >
Aktivität: Vorzeitigen Abschluss vorbereiten

Aktivität Vorzeitigen Abschluss vorbereiten	
Ereignis	Vorzeitiger Abschluss
Input	Produktstatusauskunft, Projektleitdokumentation (Projektplan)
Aktualisieren	Register offener Punkte, Projektleitdokumentation (Projektplan)
Erstellen	Einschätzung zusätzlicher Arbeitsaufwand

Produkte übergeben

Schließlich werden die (End-)Produkte an die Linienorganisation übergeben. Die Produkte werden nun anhand der dokumentierten Abnahmekriterien bewertet und vom Kunden abgenommen. In die Abnahme sollten auch Vertreter der Betriebs- und Wartungsumgebung einbezogen werden. Dadurch wird sichergestellt, dass die Produkte zum jetzigen Zeitpunkt auch übernommen und betrieben werden können.

Der Nutzenrevisionsplan wird aktualisiert und eine Liste, die „Empfehlung für Folgeaktionen" erstellt, die wichtige Aufgaben und

Punkte für die Linienorganisation enthält. Die Konfigurationsdaten werden dem unternehmensweiten Konfigurationsmanagement zur Verfügung gestellt. Damit geht die Verantwortung für die Produkte vom Projekt auf die Linienorganisation über.

Aktivität Produkte übergeben	
Input	Register offener Punkte, Risikoregister, Projektleitdokumentation (Konfigurationsmanagementstrategie)
Erstellen	(Teil des) Projektabschlussberichts (Empfehlung für Folgeaktionen)
Einholen	Projektabnahmedokumentation
Aktualisieren	Konfigurationsdatensätze, Nutzenrevisionsplan

< Abb.
Aktivität: Produkte übergeben

Projekt bewerten

Der Projektmanager bewertet, inwiefern das Projekt erfolgreich durchgeführt wurde und Vereinbarungen und Standards eingehalten wurden. Hierbei werden vor allem die folgenden Fragen beantwortet:

- Entsprechen die tatsächlichen Ergebnisse den Beschreibungen in der Projektleitdokumentation?
- Ist bei allen Änderungen das Änderungssteuerungsverfahren richtig angewendet worden?
- Sind die Qualitätsprüfungen der Qualitätsmanagementstrategie entsprechend angewendet worden?
- Wurden die Risikomanagementverfahren richtig angewendet?
- Ist die Kommunikationsmanagementstrategie eingehalten worden?
- Wurde rechtzeitig auf allen Managementebenen eskaliert?

Aus dem Erfahrungsprotokoll stellt der Projektmanager in Zusammenarbeit mit dem Projektmanagementteam einen Erfahrungsbericht zusammen, der Teil des Projektabschlussberichts wird. Dieser Erfahrungsbericht soll sicherstellen, dass die nächsten Projekte von den gemachten Erfahrungen profitieren.

Projektabschluss empfehlen

Abb. > Aktivität: Projekte bewerten

Aktivität Projekt bewerten	
Input	Projektleitdokumentation, (Teil des) Projektabschlussberichts (Empfehlung für Folgeaktionen), Register offener Punkte, Risikoregister, Qualitätsregister, Erfahrungsprotokoll
Erstellen	Projektabschlussbericht (Erfahrungsbericht)

Sind alle Aktivitäten durchgeführt, sendet der Projektmanager, gemeinsam mit dem Projektabschlussbericht, die Empfehlung des Projektabschlusses an den Lenkungsausschuss.
In der Kommunikationsmanagementstrategie ist definiert, wer über das Projektende zu informieren ist. Dies erfolgt in einer allgemeinen Ankündigung des Projektabschlusses. Hier werden neben den allgemeinen Informationen zum Projekt auch formale Hinweise gegeben, z.B. bis wann noch Kosten gegen die Projektkostenstelle gebucht werden können. Die Ankündigung erfolgt durch den Lenkungsausschuss.
Abschließend werden das Register offener Punkte, das Risikoregister, das Qualitätsregister, das Projekttagebuch und das Erfahrungsprotokoll geschlossen und vom Konfigurationsmanagement archiviert.

Abb. > Aktivität: Projektabschluss empfehlen

Aktivität Projektabschluss empfehlen	
Input	Projektleitdokumentation (Kommunikationsmanagementstrategie)
Schließen	Register offener Punkte, Risikoregister, Qualitätsregister, Projekttagebuch, Erfahrungsprotokoll, Entwurf der Ankündigung des Projektabschlusses
Ereignis	Empfehlung des Projektabschlusses

05

PRINCE2® MANAGEMENT PRODUKTE

5. PRINCE2® Managementprodukte

Dieser Anhang enthält eine Aufstellung der Produktbeschreibungen für die in PRINCE2 definierten Managementprodukte. Die 26 Managementprodukte werden in Auszügen wiedergegeben. Jedes wird mit dem jeweiligen Zweck und einer Zusammenfassung der wichtigsten Inhalte aufgeführt.
Die vollständigen Produktbeschreibungen mit Zweck, Herkunft/Ableitung, Darstellung und Form, Zusammensetzung und den Qualitätskriterien sind im PRINCE2 Handbuch enthalten. PRINCE2 erhebt keinen Anspruch auf Vollständigkeit der Produktbeschreibungen und verweist auf die notwendige Anpassung an die entsprechende Projektumgebung.
Es gibt drei Arten von Managementprodukten: Baseline, Aufzeichnungen und Berichte.

Baseline-Managementprodukte
Baseline-Managementprodukte definieren eine Ausgangsbasis des Projekts und unterliegen nach der Freigabe der Änderungssteuerung, d.h. für eine Änderung eines Baseline-Managementprodukts muss ein entsprechender Änderungsantrag vorliegen. Baseline-Managementprodukte sind:

- Arbeitspaket
- Business Case
- Kommunikationsmanagementstrategie
- Konfigurationsmanagementstrategie
- Nutzenrevisionsplan
- Plan (Projekt-, Phasen- und Teampläne)
- Produktbeschreibung
- Produktbeschreibung des Projektendproduktes
- Projektbeschreibung
- Projektleitdokumentation
- Qualitätsmanagementstrategie
- Risikomanagementstrategie

Aufzeichnungen

Aufzeichungen sind dynamische Managementprodukte, die Informationen über den Projektfortschritt enthalten und fortlaufend gepflegt werden. Diese sind:

- Erfahrungsprotokoll
- Konfigurationsdatensatz
- Projekttagebuch
- Qualitätsregister
- Register offener Punkte
- Risikoregister

Berichte

Berichte sind Managementprodukte, die eine Momentaufnahme eines bestimmten Blickwinkels auf das Projekt bereitstellen. Über Berichte wird eine Großteil der Standardkommunikation des Projektteams gesteuert. Diese sind:

- Ausnahmebericht
- Erfahrungsbericht
- Offener-Punkt-Bericht
- Phasenabschlussbericht
- Produktstatusauskunft
- Projektabschlussbericht
- Projektstatusbericht
- Teamstatusbericht

Managementprodukte müssen nicht zwingend Dokumente sein. Die enthaltenen Informationen, welche als Produkt zusammengefasst werden, können in unterschiedlicher Form vorliegen und von bestimmten Rollen benötigt werden. Die Darstellung und Form der Managementprodukte wird in der Kommunikationsmanagementstrategie und in der Konfigurationsmanagementstrategie definiert.

Arbeitspaket (Work Package)

Zweck

Ein Arbeitspaket enthält die Summe der Informationen, die der Projektmanager zu einem oder mehreren benötigten Produkten zusammengestellt hat, damit die Durchführung von Arbeiten oder die Lieferung von Produkten formell an einen Teammanager übergeben werden können. Das Arbeitspaket stellt sozusagen den Vertrag zwischen Projektmanager und Teammanager über die anstehenden Arbeiten dar.

Zusammensetzung

- Arbeitspaketbeschreibung
- Techniken, Prozesse und Verfahren
- Schnittstellen bei Erstellung
- Betriebs- und Wartungsschnittstellen
- Anforderungen des Konfigurationsmanagements
- Vereinbarungen zu Zeit und Kosten
- Arbeitspakettoleranzen
- Einschränkungen
- Vereinbarte Berichterstattung
- Problembehandlung und -eskalation
- Auszüge oder Verweise
- Auszug aus dem Phasenplan
- Produktbeschreibung(en)
- Abnahmemethode

Ausnahmebericht (Exception Report)

Zweck

Ein Ausnahmebericht wird erstellt, wenn ein Phasen- oder Projektplan voraussichtlich die Toleranzen überschreitet. Der Projektmanager eskaliert diesen Plan an den Lenkungsausschuss, um über die unplanmäßige Entwicklung zu informieren und gleichzeitig eine Empfehlungen für das weitere Vorgehen zu geben.

Zusammensetzung
- Ursache der Ausnahme
- Konsequenzen der Planabweichung
- Optionen
- Empfehlung
- Erfahrungen

Business Case (Business Case)

Zweck
Ein Business Case ist die Dokumentation der geschäftlichen Rechtfertigung für ein Projekt. Der Business Case wird über die Projektlaufzeit hinweg aktualisiert, so dass der Projektmanager jederzeit in der Lage ist zu sagen, ob sich ein Fortführen des Projekts weiterhin lohnt.

Zusammensetzung
- Gründe
- Optionen
- Erwarteter Nutzen
- Erwartete negative Nebeneffekte
- Zeitrahmen
- Kosten
- Investitionsrechnung (Return on Invest)
- Hauptrisiken

Erfahrungsbericht (Lessons Report)

Zweck
Zusammenfassung aller gemachten Erfahrungen und die Weitergabe von Handlungsanstößen, die anderen Projekten zugute kommen können. Der Erfahrungsbericht ist die Essenz der dokumentierten Erfahrungen im Erfahrungsprotokoll.

Zusammensetzung
- Zusammenfassung
- Was erfolgreich war, was schlecht lief und was dem Unternehmens-/Programmmanagement für zukünftige Projekte empfohlen wird.
- Überblick über aufschlussreiche Messungen und Ergebnisse.

Erfahrungsprotokoll (Lessons Log)

Zweck
Das Erfahrungsprotokoll dokumentiert gute und schlechte Erfahrungen, die für dieses Projekt oder für zukünftige Projekte von Nutzen sein können. Darüber hinaus werden auch hilfreiche Erfahrungen anderer Projekt in das Erfahrungsprotokoll mit aufgenommen.

Zusammensetzung
- Art der Erfahrung
- Details
- Protokolliert durch
- Priorität

Kommunikationsmanagementstrategie (Communication Management Strategy)

Zweck
Die Kommunikationsmanagementstrategie beschreibt die Kommunikationswege und die Häufigkeit der Kommunikation innerhalb und außerhalb des Projektteams. Es steuert einen kontrollierten und beiderseitigen Kommunikationsfluss unter allen Stakeholdern.

Zusammensetzung
- Kommunikationsverfahren
- Tools und Techniken
- Berichterstattung
- Zeitplanung von Kommunikationsmanagementaktivitäten
- Rollen und Verantwortlichkeiten
- Analyse der Stakeholder
- Informationsbedarf für jede interessierte Partei

Konfigurationsdatensatz (Configuration Item Record)

Zweck

Bereitstellung von Daten zum Status, der Version und der Variante der einzelnen Konfigurationselemente sowie der Relationen zwischen den Konfigurationselementen.

Die angelegten Konfigurationsdatensätze werden häufig auch als Konfigurationsbibliothek bezeichnet.

Zusammensetzung

- Projektkennziffer
- Kennziffer
- Aktuelle Version
- Titel
- Datum der letzten Statusänderung
- Eigentümer
- Standort
- Typ
- Attribute des Konfigurationselements
- Benutzer
- Status
- Variante
- Ersteller
- Beziehungen zu anderen Produkten
- Querverweise

Konfigurationsmanagementstrategie (Configuration Management Strategy)

Zweck

Eine Konfigurationsmanagementstrategie legt fest, wie und von wem die Produkte eines Projekts verwaltet, gesteuert und geschützt werden.

Zusammensetzung

- Konfigurationsmanagementverfahren
- Verfahren für die Steuerung offener Punkte und Änderungen
- Tools und Techniken
- Dokumentation
- Berichterstattung
- Zeitplanung der Konfigurationsmanagementaktivitäten
- Rollen und Verantwortlichkeiten
- Bewertungsskala für Priorität und Schweregrad

Nutzenrevisionsplan (Benefits Review Plan)

Zweck

Ein Nutzenrevisionsplan plant die Nutzenrevision, die zeigt, wie (notwendige Ressourcen und Aktivitäten) und wann (Zeitpunkt) festgestellt werden kann, ob der erwartete Nutzen erzielt worden ist.

Dies betrifft eventuelle Nutzenrevisionen während und definitiv nach dem Projekt. Wobei der wesentliche Teil des Nutzens erst nach dem Projekt erzielt werden wird.

Zusammensetzung

- Wer ist für die Erzielung des Nutzens verantwortlich?
- Wie und wann kann der erwartete Nutzens und die Leistung des Endproduktes gemessen werden?
- Welche Ressourcen für die Durchführung werden benötigt?
- Baseline-Vergleichswerte

Offener-Punkt-Bericht (Issue Report)

Zweck

Ein Offener-Punkt-Bericht beinhaltet die Beschreibung, Auswirkungsanalyse und Empfehlungen zur Behandlung eines offenen Punktes (Änderungsantrag, Spezifikationsabweichung oder Probleme/Anliegen). Nur offene Punkte, die formell bearbeitet werden müssen, werden auf diese Weise dokumentiert.

Zusammensetzung

- Kennziffer
- Typ
- Autor des Berichts
- Beschreibung
- Auswirkungsanalyse
- Empfehlung
- Priorität
- Schweregrad
- Entscheidung
- Genehmigt durch
- Datum der Entscheidung
- Abschluss der Bearbeitung

Phasenabschlussbericht (End Stage Report)

Zweck

Ein Phasenabschlussbericht liefert eine Zusammenfassung der in der letzten Phase erzielten Fortschritte, den Projektstatus und eine Informationsgrundlage für den Lenkungsausschuss. Auf Basis des Phasenabschlussberichts bewertet der Lenkungsausschuss die Phase und entscheidet über die Freigabe der nächsten Phase.

Zusammensetzung

- Bericht des Projektmanagers
- Aktualisierter Business Case
- Bewertung der Projektziele
- Bewertung der Phasenziele
- Bewertung der Leistung des Teams
- Bewertung der Produkte
- (Gegebenenfalls) Erfahrungsbericht
- Offene Punkte und Risiken
- Prognose

Plan (Plan)

Zweck

Die Produktbeschreibung „Plan“ ist eine Vorlage für alle Planarten von PRINCE2. Sie ist also für den Projekt-, Phasen-, Team- und Ausnahmeplan gültig.

Der Plan beinhaltet, wie, wann und mit welchen Ressourcen die Ziele eines Projekts erreicht werden sollen. Darüber hinaus gehören zum Umfang des Plans die Produktbeschreibungen der Teil- und Einzelprodukte, die notwendigen Aktivitäten und die Abhängigkeiten.

Zusammensetzung

- Planbeschreibung
- Planvoraussetzungen
- Externe Abhängigkeiten
- Planungsannahmen
- Einbezogene Erfahrungswerte
- Überwachung und Steuerung
- Budgets
- Toleranzen
- Produktbeschreibung
- Zeitplan

Produktbeschreibung (Product Description)

Zweck

Eine Produktbeschreibung wird verwendet, um die identifizierten Teil- und Einzelprodukte des Produktstrukturplans auf der entsprechenden Planungsebene zu beschreiben.

Zusammensetzung

- Zweck
- Zusammensetzung
- Herkunft/Ableitung
- Darstellung und Form
- Notwendige Kenntnisse der Entwickler

- Qualitätskriterien
- Qualitätstoleranz
- Qualitätsprüfmethode
- Notwendige Kenntnisse der Prüfer
- Qualitätsverantwortlichkeiten

Produktbeschreibung des Projektendprodukts (Project Product Description)

Zweck

Die Produktbeschreibung des Projektendprodukts ist eine spezielle Art der Produktbeschreibung, die beschreibt, was das Projekt letztendlich liefern muss, um eine Abnahme durch die Benutzerverteter zu erreichen.

Zusammensetzung

- Zweck
- Zusammensetzung
- Herkunft/Ableitung
- Kundenqualitätserwartungen
- Projektabnahmekriterien
- Qualitätstoleranzen auf Projektebene
- Projektabnahmemethode
- Projektabnahmeverantwortlichkeiten

Produktstatusauskunft (Product Status Account)

Zweck

Die Produktstatusauskunft informiert über den Status der Produkte eines Arbeitspakets, einer Management- oder technischen Phase oder des gesamten Projekts. Die Produktstatusauskunft wird von der Projektunterstützung bereitsgestellt und hilft unter anderem dem Projektmanager, die Versionsnummer von Produkten zu überprüfen.

Zusammensetzung

- Version
- Status und Datum der Statusänderung
- Produktzustand
- Eigentümer
- Empfänger/Benutzer von Kopien
- Ablage-/Lagerort
- Benutzer
- Ersteller und Datum der Zuteilung an den Ersteller
- Geplanter Termin für die nächste „Baseline" Version
- Liste zugehöriger Elemente

Projektabschlussbericht (End Project Report)

Zweck

Im Projektabschlussbericht werden die erzielten Ergebnisse mit den Vorgaben der ersten freigegebenen Version der Projektleitdokumentation verglichen und dokumentiert. Darüber hinaus werden die gemachten Erfahrungen in Form des Erfahrungsbericht angehängt.

Zusammensetzung

- Bericht des Projektmanagers
- Bewertung des Business Case
- Bewertung der Projektziele
- Bewertung der Leistung des Teams
- Bewertung der Produkte
- Erfahrungsbericht

Projektbeschreibung (Project Brief)

Zweck

Eine Projektbeschreibung ist die Ausgangsbasis für die Initiierung des Projekts. Sie fasst alle Informationen für den Lenkungsausschuss zusammen. Dieser muss auf der Basis der Projektbeschreibung entscheiden, ob er Ressourcen (z.B. Geld und Zeit) für die Initiierungsphase freigibt.

Inhalte der Projektbeschreibung (Projektdefinition) werden in der

Initiierungsphase ergänzt und in die Projektleitdokumentation übernommen.

Zusammensetzung

- Projektdefinition
- Business Case-Entwurf
- Produktbeschreibung des Projektendprodukts
- Projektlösungsansatz
- Struktur des Projektmanagementteams
- Rollenbeschreibungen

Projektleitdokumentation (Project Initiation Documentation)

Zweck

Die Projektleitdokumentation sichert eine solide Ausgangsbasis für das Projekt und übernimmt die Aufgabe eines Projektvertrags zwischen dem Projektmanager und dem Lenkungsausschuss. Anhand der Projektleitdokumentation wird fortan der Projektfortschritt, die geschäftliche Rechtfertigung und jeder eintretende offene Punkt bewertet. Diese zentrale Informationsquelle sollte alle Fragen zu dem Projekt und dessen aktuellem Status beantworten.

Zusammensetzung

Nachfolgend ist der Inhalt der Projektleitdokumentation aufgelistet. Die ersten beiden Positionen (Projektdefinition und Projektlösungsansatz) werden aus der Projektbeschreibung übernommen.

- Projektdefinition
- Projektlösungsansatz
- Business Case
- Organisationsstruktur und Rollenbeschreibungen
- Qualitätsmanagementstrategie
- Konfigurationsmanagementstrategie
- Risikomanagementstrategie
- Kommunikationsmanagementstrategie
- Projektplan
- Projektsteuerungsmittel
- PRINCE2-Anpassung

Projekttagebuch (Daily Log)

Zweck

Ein Projekttagebuch wird vom Projektmanager geführt. Der Projektmanager dokumentiert dort formlos gehandhabte offene Punkte, weitere Maßnahmen oder wichtige Ereignisse, die in keinem anderen PRINCE2 Managementprodukt erfasst werden.

Zusammensetzung

- Datum des Eintrags
- Problem/Anliegen, Ereignis
- Maßnahme, Kommentar
- Zuständige Person
- Zieltermin
- Ergebnisse

Qualitätsmanagementstrategie (Quality Management Strategy)

Zweck

Eine Qualitätsmanagementstrategie beschreibt das Qualitätsmanagementsystem, welches in dem Projekt Anwendung finden soll. Definiert werden die zu verwendenden Qualitätstechniken und -standards, mit dem Ziel das Endprodukt in der vereinbarten Qualität zu liefern.

Zusammensetzung

- Qualitätsmanagementverfahren (Qualitätsplanung und –steuerung)
- Tools und Techniken
- Dokumentation
- Berichterstattung
- Zeitplanung der Qualitätsmanagementaktivitäten
- Rollen und Verantwortlichkeiten

Qualitätsregister (Quality Register)

Zweck

Im Qualitätsregister werden alle geplanten und durchgeführten Qualitätsmanagementaktivitäten dokumentiert und Informationen für den Phasen- und Projektabschlussbericht bereitgestellt.

Zusammensetzung

- Produkttitel
- Qualitätsprüfmethode
- Rollen und Verantwortlichkeiten
- Datum
- Ergebnis
- Qualitätsdokumentation

Register offener Punkte (Issue Register)

Zweck

Im Register offener Punkte werden alle formell zu bearbeitenden offenen Punkte erfasst. Der Projektmanager überprüft dieses Register regelmäßig.

Zusammensetzung

- Typ des offenen Punkts
- Datum des Eintrags
- Gemeldet von
- Autor des Berichts
- Beschreibung
- Priorität
- Dringlichkeit
- Status
- Abschluss der Bearbeitung

Risikomanagementstrategie (Risk Management Strategy)

Zweck

Eine Risikomanagementstrategie beschreibt die zu verwendenden Risikomanagementtechniken und –standards. Ziel ist das Erreichen eines effektiven Risikomanagements für das Projekt.

Zusammensetzung

- Risikomanagementverfahren
- Tools und Techniken
- Berichterstattung
- Zeitplanung der Aktivitäten
- Rollen und Verantwortlichkeiten
- Bewertungsskalen
- Eintrittsnähe
- Risikokategorien
- Kategorien der Risikobehandlung
- Frühwarnzeichen
- Risikotoleranzen
- Risikobudget

Risikoregister (Risk Register)

Zweck

Im Risikoregister werden alle Risiken - Chancen und Bedrohungen - eines Projekts mit entsprechenden Bewertungen, Status und Maßnahmen erfasst.

Zusammensetzung

- Risikokategorie
- Risikobeschreibung
- Eintrittswahrscheinlichkeit und Auswirkung
- Eintrittsnähe
- Kategorie der Risikobehandlung
- Risikobehandlung
- Risikostatus

- Risikoeigentümer
- Risikobearbeiter

Teamstatusbericht (Checkpoint Report)

Zweck

Ein Teamstatusbericht wird vom Teammanager in bestimmten, im Arbeitspaket festgelegten Intervallen erstellt, um über den Status der Arbeiten zu berichten.

Zusammensetzung

- Berichtszeitraum
- Aktueller Berichtszeitraum
- Nächster Berichtszeitraum
- Toleranzstatus der Arbeitspakete
- Offene Punkte und Risiken

Hinweis

PEOPLECERT
Certifying Professionals

PEOPLECERT ist ein weltweit führendes Unternehmen, dass Zertifizierungen von professionellen Kompetenzen durchführt. Wir haben bereits über 4 Millionen Prüfungen in 135 Länder geliefert und bieten hochwertige, weltweit anerkannte Qualifikationen an.

PEOPLECERT arbeitet eng mit AXELOS zusammen und bietet Global Best Practices wie ITIL®, PRINCE2®, MSP® sowie andere Standards an.
Diese Methoden und Standards werden von PEOPLECERT durch innovative und sichere Lösungen geprüft.

Wir teilen und unterstützen die Philosophie der Wertschöpfung für die Kunden von SERVIEW, dem Marktführer im deutschsprachigen Raum.

PEOPLECERT liefert:

- Web- und papierbasierte Prüfungen in **24 Sprachen**
- Über **10.000** Prüfungsstandorte weltweit
- **Online Prüfungen**, wobei die Prüfung mit einer Web-Camera live durchgeführt wird; Jederzeit und Platz unabhängig

- Während der Anmeldung von **Online Prüfungen** wird der Kandidat von dem Kundendienst von PEOPLECERT unterstützt, falls es Probleme mit dem Internetzugang oder sonstigem gibt
- SERVIEW bietet die Gutscheine für diese Prüfungen an, als integrales Teil Ihres Virtual Classroom Angebotes
- **Direkte** Übermittlung des Prüfungsresultates (Vorläufiges Ergebnis)
- **Zertifikate** in **gedruckter** Form oder als **E-Zertifikat** (PDF)
- Ein Portal für Kandidaten; einfach und bequem über das Web zu erreichen.
- Mehrsprachiger Kundendienst, 24/7/365
- Gebührenfreie Telefonnummern

ITIL® ACCREDITED EXAMINATION INSTITUTE

PRINCE2® ACCREDITED EXAMINATION INSTITUTE

Für weitere Informationen, besuchen Sie uns unter:

www.peoplecert.org

Mit Handy scannen und mehr erfahren

06

PRINCE2®
ROLLEN UND VERANTWORTLICHKEITEN

6. PRINCE2® Rollen und Verantwortlichkeiten

Lenkungsausschuss

Der Lenkungsausschuss ist für die Lenkung und das Management des Projekts verantwortlich. Er trägt im Rahmen der Vorgaben des Unternehmens- oder Programmmanagements die Verantwortung für das Projekt.
Darüber hinaus ist er für die Kommunikation innerhalb und zu den Stakeholdern außerhalb des Projekts verantwortlich.
Der Lenkungsausschuss besteht aus drei Interessenvertretern. Das Unternehmens- oder Programminteresse vertritt der Auftraggeber. Das Benutzerinteresse wird von einem oder mehreren Benutzervertretern übernommen. Ebenso wird das Lieferanteninteresse von einem oder mehreren Lieferantenvertretern wahrgenommen.
Generell ist darauf zu achten, dass der Lenkungsausschuss von einer effektiven und handlungsfähigen Anzahl von Interessenvertretern besetzt wird und nicht zu viele Teilnehmer eingebunden werden.

Allgemeine Verantwortlichkeiten

- Freigabe
    - der Projektinitiierung
    - des Projekts
    - des Phasen- oder Ausnahmeplans
    - des Projektabschlusses
- Ernennung und Beauftragung eines Änderungsausschusses (wenn gewünscht)
- Abstimmung der Projekttoleranzen mit dem Unternehmens- bzw. Programmmanagement und Definition der Toleranzen für jede Phase und Genehmigung der Phasenpläne
- Festlegung der Bewertungsskalen offener Punkte
- Genehmigung des Lieferantenvertrags
- Genehmigung der Projektleitdokumentation
- Freigabe des Projektstarts

- Kommunikation mit Stakeholdern
- Lenkung des Projekts, damit dieses weiterhin geschäftlich gerechtfertigt ist und sich in dem vorgegebenen Rahmen bewegt
- Beantwortung von Weisungsanfragen
- Sicherstellung eines effektiven Risikomanagements
- Entscheidungen über eskalierte offene Punkte
- Änderungen (sofern nicht ein Änderungsausschuss eingesetzt ist)
- Spezifikationsabweichung
- Probleme/Anliegen
- Abnahme fertiggestellter Produkte
- Sicherstellen, dass
    - alle Produkte wie vereinbart geliefert worden sind
    - alle Projektabnahmekriterien erfüllt worden sind
- Bestätigung der Abnahme des Projektendprodukts
- Genehmigung des Phasen- und Projektabschlussberichts
- Freigabe von Empfehlungen für Folgeaktionen und von Erfahrungsberichten
- Übergabe der Verantwortung für den aktualisierten Nutzenrevisionsplan an das Unternehmensmanagement

Auftraggeber

Der Auftraggeber ist der Eigentümer des Projekts, welcher letztendlich die Ergebnisverantwortung trägt und dabei vom Benutzervertreter und Lieferantenvertreter unterstützt wird. Der Auftraggeber trägt dafür Sorge, dass das Projekt während der Laufzeit auf das Erreichen der angestrebten Ziele ausgerichtet ist und ein Produkt liefert, das den erwarteten Nutzen erzielen kann. Darüber hinaus ist er an der effizienten Durchführung des Projekts interessiert.

Während des gesamten Projekts ist der Auftraggeber der Eigentümer des Business Case.

Der Lenkungsausschuss ist kein demokratisch geführtes Board. Die letztendliche Entscheidung bleibt im Zweifel dem Auftraggeber vorbehalten.

Allgemeine Verantwortlichkeiten

- Verantwortung für den Entwurf des Business Case
- Überwachung der Erstellung des detaillierten Business Case
- Projektfinanzierung
- Ernennung des Projektmanagers
- Entwurf und Ernennung des Projektmanagementteams
- Ausrichtung der Projektziele an den Unternehmenszielen
- Genehmigung eventueller Lieferantenverträge
- Gewährleistung des Managements von Business Case und den spezifischen Risiken
- Entscheidung über eskalierte offene Punkte
- Den Lieferantenvertreter und Benutzervertreter in die spezifische Verantwortung nehmen
- Übertragung der Verantwortlichkeiten für die abschließende Nutzenrevisionen an das Unternehmens- oder Programmmanagement
- Überwachung und Kontrolle des Projektfortschritts
- Eskalation offener Punkte und Risiken an das Unternehmens- oder Programmmanagement

Benutzervertreter

Der oder die Benutzervertreter definieren die Anforderungen an das Projektendprodukt und steuern die Zusammenarbeit zwischen den Benutzern und dem Projektmanagementteam hinsichtlich der Erreichung der Projektziele.

Der Benutzervertreter vertritt die Interessen der Gruppe von Benutzern, die mit den zu liefernden Produkten des Projekts arbeiten werden und den Nutzen erzielen sollen. Er stellt notwendige Ressourcen der Benutzerseite bereit und kontrolliert, ob die Produkte die vereinbarten Anforderungen erfüllen. Der Benutzervertreter vereinbart den erwarteten Nutzen und muss dem Unternehmens- oder Programmmanagement nach der Projektlaufzeit in Form einer Nutzenrevision aufzeigen, dass der erwartete Nutzen erzielt wurde.

Allgemeine Verantwortlichkeiten

- Management von Konflikten
- Gewährleistung der Bereitstellung benötigter Benutzerressourcen
- Definition der Kundenqualitätserwartungen und der Projektabnahmekriterien
- Gewährleistung,
    - dass die angestrebten Ergebnisse spezifiziert sind
    - dass das Projekt Produkte liefert, die die angestrebten Ergebnisse erzielen
    - dass der erwartete Nutzen realisiert wird
- Gegenüberstellung des effektiv erzielten und des erwarteten Nutzens bei Nutzenrevisionen
- Entscheidung über eskalierte offene Punkte
- Sicherstellung der reibungslosen Schnittstelle von Projekt und Tagesgeschäft
- Kommentierung der Empfehlungen für Folgeaktionen

Lieferantenvertreter

Der Lieferantenvertreter vertritt die Interessen derer, die die Produkte und das Endprodukt des Projekts herstellen und implementieren. Er ist für die Qualität der zu liefernden Produkte und für die technische Seite des Projekts verantwortlich.

Allgemeine Verantwortlichkeiten

- Bewertung und Freigabe der Machbarkeit des Lösungsansatzes
- Gewährleistung realistischer Kostenvoranschläge
- Beratung bei der Entscheidung über die Abnahmemethoden
- Bereitstellung benötigter Lieferantenressourcen
- Entscheidung über eskalierte offene Punkte
- Management von Konflikten
- Information zu allen technischen Aspekten des Projekts
- Richtige Anwendung der Qualitätsverfahren

Projektmanager

Der Projektmanager plant, delegiert, überwacht und steuert das Projekt innerhalb der vom Lenkungsausschuss gesetzten Befugnisse von Zeit, Kosten, Qualität, Nutzen, Umfang und Risiken. Er ist durchführungsverantwortlich für das Projekt und hat sicherzustellen, dass das Projekt die geforderten Produkte liefert.

Allgemeine Verantwortlichkeiten

- Freigabe von Arbeitspaketen
- Rechtzeitige Eskalation von offenen Punkten und Risiken
- Erstellung und Abstimmung folgender Baseline-Managementprodukte:
    - Projektbeschreibung, einschließlich Produktbeschreibung des Projektendprodukts
    - Nutzenrevisionsplan
    - Projektleitdokumentation (und zugehörige Bestandteile)
    - Phasen-/Ausnahmepläne und zugehörige Produktbeschreibungen
    - Arbeitspakete
- Bereitstellung folgender Berichte:
    - Projektstatusberichte
    - Offener-Punkt-Berichte
    - Phasenabschlussberichte
    - Erfahrungsberichte
    - Ausnahmeberichte
    - Projektabschlussbericht
- Führung folgender Aufzeichnungen über die Projektlaufzeit:
    - Register offener Punkte
    - Risikoregister
    - Projekttagebuch
    - Erfahrungsprotokoll
- Einrichtung, Management und Einhaltung der Projektstandards zum:
    - Risikomanagement
    - Konfigurationsmanagement

  - Offene Punkte Management
  - Qualitätsmanagement
  - Kommunikationsmanagement
- Koordination mit Lieferanten
- Motivation des Projektmanagementteams
- Management des Informationsflusses zwischen den verschiedenen Managementebenen
- Management der Erstellung der geforderten Produkte
- Einrichtung der Projektsteuerungsmittel
- Übernahme der Rolle des Teammanagers (insofern diese unbesetzt bleibt)
- Übernahme der Projektunterstützungsrolle (insofern diese unbesetzt bleibt)
- Terminierung von Konfigurationsaudits

Teammanager

Der Teammanager ist für die Herstellung der vom Projektmanager vorgegebenen Produkte in der vereinbarten Qualität und innerhalb des vereinbarten Zeit- und Kostenrahmens verantwortlich. Der Teammanager berichtet an den Projektmanager und nimmt Weisungen von ihm entgegen.
Bleibt die Teammanagerrolle unbesetzt, wird sie vom Projektmanager übernommen.

Allgemeine Verantwortlichkeiten

- Unterstützung des Projektmanagers bei der Untersuchung offener Punkte und Risiken
- Meldung offener Punkte an den Projektmanager
- Erstellung des Teamplans
- Erstellung von Teamstatusberichten
- Planung, Überwachung und Koordination der Teammitglieder
- Identifikation und ggf. Eskalation der mit einem Arbeitspaket verbundenen offenen Punkte und Risiken
- Übergabe der fertiggestellten und abgenommenen Produkte an den Projektmanager

- Gewährleistung, dass die Qualitätsaktivitäten ordentlich geplant und umgesetzt werden
- Gewährleistung, dass alle notwendigen Daten in das Qualitätsregister eingetragen werden
- Einhaltung der Konfigurationsmanagementstrategie

Projektsicherung

Die Projektsicherung wird eingesetzt, um die Interessen der wichtigsten Stakeholder (Unternehmen, Benutzer und Lieferanten) wahrzunehmen. Sie sichert den Output und die Ergebnisse des Projekt- und Teammanagements und berät diese.
Die Projektsicherung ist vom Projektmanager unabhängig. Somit kann der Projektmanager keine Sicherungsaufgaben übertragen bekommen.
Das Delegieren der Sicherungsverantwortung durch den Lenkungsausschuss ist optional. Bleibt die Projektsicherung unbesetzt, verbleibt diese Verantwortung beim Lenkungsausschuss.

Allgemeine Verantwortlichkeiten

- Sicherstellen der Kommunikation zwischen Unternehmen, Benutzer und Lieferanten
- Prüfen,
    - ob Risiken kontrolliert werden
    - dass die richtigen Personen in die Erstellung der Produktbeschreibungen einbezogen werden
    - ob die Qualitätsprüfungstechnik und andere Qualitätsmethoden richtig angewendet werden und Nachbesserungsmaßnahmen zur Steuerung der Qualität richtig durchgeführt werden
- Sicherstellen,
    - dass der notwendige Schulungsbedarf ermittelt wurde.
    - dass eine akzeptable Lösung ausgearbeitet wird
    - dass kein schleichender Zuwachs von Inhalt und Umfang des Projekts eintritt
    - dass die Standards beachtet und angewendet werden

Verantwortlichkeiten der Unternehmenssicherung

- Beurteilung der Gesamt-Risikobelastung
- Überprüfung der Bewertung offener Punkte und Risiken
- Vermeidung überzogener Forderungen
- Unterstützung des Projektmanagers bei der Entwicklung des Business Case und des Nutzenrevisionsplans
- Beratung bei der Ernennung des Projektmanagementteams
- Regelmäßige Überprüfung des Business Case
- Feststellung erzielter Fortschritte und Überprüfung der vereinbarten Toleranzen
- Beratung bei der Erstellung der Risikomanagementstrategie
- Überprüfung des Business Case
- Vergewisserung, dass der Business Case stets die aktuelle Projektsituation widerspiegelt
- Überprüfung der Projektfinanzen
- Vergewisserung, dass das Preis-/Leistungsverhältnis stimmt

Verantwortlichkeiten der Benutzersicherung

- Überwachung der Risiken
- Gewährleistung, dass die Qualitätssteuerungsverfahren richtig angewendet werden
- Gewährleistung, dass die Benutzer bei allen Qualitätsaktivitäten angemessen vertreten sind
- Beratung von Stakeholdern
- Beurteilung potenzieller Änderungen
- Effektive Koordination der Zusammenarbeit zwischen den Benutzern und sonstigen Projektbeteiligten
- Beratung bei der Erstellung der Kommunikationsmanagementstrategie
- Gewährleistung genauer, vollständiger und unmissverständlicher Benutzeranforderungen
- Beurteilung, ob die Lösung die Anforderungen der Benutzer erfüllen wird

Verantwortlichkeiten der Lieferantensicherung

- Prüfung der Produktbeschreibungen
- Beratung bei der Erstellung der Qualitätsmanagementstrategie und der Konfigurationsmanagementstrategie
- Beratung bei der Entscheidung über die verschiedenen Wege der Produktentwicklung
- Gewährleistung effektiver Anwendung geforderter Standards
- Beratung bei der Bewertung von Änderungsanträgen
- Überwachung der mit der Erstellung der Produkte verknüpften Risiken
- Beurteilung der richtigen Anwendung der Qualitätssteuerungsverfahren

Änderungsausschuss

Der Lenkungsausschuss kann die Entscheidung über offene Punkte (Änderungsanträge oder Spezifikationsabweichungen) an eine Gruppe oder Einzelperson mit dem Namen Änderungsausschuss delegieren. Somit könnte auch der Projektmanager als Änderungsausschuss eingesetzt werden.

Der Änderungsausschuss entscheidet innerhalb definierter Grenzen (Änderungsbudget) über offene Punkte und berichtet an den Lenkungsausschuss.

Das Einrichten eines Änderungsausschusses ist optional.

Allgemeine Verantwortlichkeiten

- Prüfung und Bewertung mit anschließender Genehmigung oder Ablehnung aller Änderungsanträge und Spezifikationsabweichungen innerhalb des vom Lenkungsausschuss delegierten Rahmens (Änderungsbudgets)
- Information an den Lenkungsausschusses weitergeben, sollten delegierte Befugnisse bzw. bewilligte Mittel ggf. überschritten werden

Projektunterstützung

Die formelle Organisation von Projektunterstützungsaufgaben ist optional. Wird diese Rolle nicht weiter besetzt, entfällt sie nicht, sondern wird vom Projektmanager übernommen.
Die wichtige Unterstützungsfunktion besteht in der Administration des Projekts und dem Konfigurationsmanagement der Projektprodukte (Spezialisten- und Managementprodukte). Hier ist schnell eine Größenordnung erreicht, die der Projektmanager ohne Unterstützung nicht mehr bewältigen kann.
Projektunterstützungsfunktionen können von einem gesonderten Projektbüro, einem PMO oder von definierten Ressourcen für das Projekt bereitgestellt werden.

Allgemeine Verantwortlichkeiten

- Einrichtung und Pflege der Projektdokumentation und Anwendung von Verfahren zur Dokumentensteuerung
- Erfassung der Projektdaten
- Aktualisierung von Plänen, Registern und bestimmter Aufzeichnungen
- Administrative Unterstützung der Qualitätsprüfungen
- Organisation von Besprechungen
- Unterstützung bei der Erstellung von Berichten
- Unterstützung beim Umgang mit spezifischen Tools und Techniken
- Verwaltung des Konfigurationsmanagementverfahrens
    - Sichere Aufbewahrung der Originale der Produkte
    - Durchführung von Konfigurationsaudits
    - Identifikation, Versionierung, Aufbewahrung und Ausgabe der Projektprodukte
    - Statusnachweis aller Produkte
    - Archivierung älterer Produktkopien
    - Aufzeichnung aller ausgegebenen Kopien

07

DIE AUSWAHL EINES PM TOOLS

7.1 Einführung

Das Projektmanagement mit PRINCE2 braucht entsprechende Tools und Werkzeuge. Doch welches Tool ist das richtige für den jeweiligen Einsatzzweck und in welchem Umfang ist eine Software in der Lage, PRINCE2 abzubilden? Um den „richtigen Weg" zum „richtigen Tool" aufzuzeigen, gibt es ein Vorgehensmodell, das auf den folgenden Seiten erläutert wird.

7.2 Der Verlauf der Tool-Auswahl

Der ideale Verlauf der Tool-Auswahl kann in vier Phasen beschrieben werden.

Phasen	Aktivitäten	Ausübender	Ergebnisse
1. Phase Ist-Analyse	- Welche Software befindet sich im Einsatz? - Welche PM Aktivitäten sind etabliert?	- Kunde - auf Wunsch Unterstützung durch den Dienstleister: • Interviews beim Kunden • Branchen-PM-Templates	- Dokumentation der • genutzten Software • bestehenden PM Aktivitäten
2. Phase Soll-Konzept	- Welche Anforderungen bestehen an das Tool? - Welche Gewichtung wird den einzelnen Anforderungen zugeordnet?	- Vorschläge des Dienstleisters - Zustimmung des Kunden	- Individueller Anforderungskatalog - Bewertungsschema
3. Phase Informationsgewinnung	- Welche Tools kommen für den Kunden in Frage? (Grob-Filterung/Vorauswahl) - Wie soll der Fragenkatalog als Grundlage für die Tool-Demonstration aussehen?	- Vorauswahl durch den Dienstleister - Terminabsprache mit Tool-Herstellern durch den Kunden - SERVIEW u. Kunde nehmen an den Tool-Demonstrationen teil	- Vorauswahl • maximal 3 bis 5 Tools - Individueller Fragenkatalog mit Ergebnissen der einzelnen Tool-Hersteller
4. Phase Entscheidung	- Welches Tool erweist sich im Ergebnis der (tool-gestützten) Auswertung als am besten geeignet? (Fein-Filterung) - Nimmt der Kunde die Entscheidung an?	- Empfehlung des Dienstleisters - Zustimmung des Kunden	- Individuelle, sachliche und nachvollziehbare Tool-Entscheidung > 1 Tool

Tool-Implementierung: Kunde/Hersteller

< Abb.
Vorgehensmodell zur Tool Evaluierung
Source: SERVIEW GmbH

7.3 Phase I: Ist-Analyse

In der ersten Phase der Tool-Auswahl steht die Aufnahme der für jedes Unternehmen individuellen Ist-Situation im Zusammenhang mit der Tool-Evaluierung im Vordergrund.

Folgende Gesichtspunkte sollten hier betrachtet werden:

- Welche Tools befinden sich bereits im Einsatz?
- Welche Tool- und Herstellerstrategie wird im Unternehmen bzw. der IT-Organisation verfolgt?
- Welche Daten sind wo und in welchem Format vorhanden?
- Einsatzgebiete der vorhandenen Tools (Projektmanagement, Ressourcen, Planung etc.)
- Welches Know-how ist in Bezug auf die eingesetzten Tools bei den Mitarbeitern der Organisation vorhanden?
- Welche der o. g. Tools müssen/sollen/können ersetzt werden?
- Welche Projektmanagement Aktivitäten sind etabliert? Hierbei spielen auch nicht in PRINCE2 definierte oder nicht PRINCE2-konform implementierte Aktivitäten eine wichtige Rolle, die in der Organisation vorhanden sind.
- Werden die Projektaktivitäten von internen oder externen Dienstleistern ausgeführt?

Zum Abschluss der ersten Phase müssen die gesammelten Erkenntnisse festgehalten und zur Verwendung in den nachfolgenden Schritten aufgearbeitet werden.

7.4 Phase II: Soll-Konzept

Das Ziel der zweiten Phase ist die Erarbeitung eines individuellen Anforderungskatalogs sowie eines Bewertungsschemas für die spätere Evaluierung und Auswahl des Projektmanagement-Tools. Im Rahmen der Anforderungsdefinition an das Tool werden im Wesentlichen die folgenden Punkte berücksichtigt:

- Welche Projektmanagementaktivitäten sollen durch das Tool unterstützt bzw. abgebildet werden?
- Welche Benefits und Ziele sollen durch den Einsatz des Tools erreicht werden? Hierbei ist es wichtig, nur Ziele zu definieren, die klar messbar und spezifisch sind.
- Welche nicht technischen und PM-orientierten Rahmenbedingungen müssen bei der Tool-Auswahl beachtet werden (z. B. Budget, Zeit, geplanter bzw. möglicher interner und externer Ressourceneinsatz)?
- Definition und Dokumentation der gewünschten Funktionalitäten und Rahmenbedingungen
- Müssen alle geforderten Funktionalitäten in einem Tool abgebildet werden oder kann eine Kombination von verschiedenen Tools zum Einsatz kommen?
- Gewünschtes Lizenzierungsmodell (z. B. Kauf oder Leasing, Concurrent Licensing etc.)
- Muss die Abbildung der PM-Prozesse im Tool PRINCE2-konform sein?
- In welcher Form sollen die PM-Aktivitäten abgebildet werden (z. B. Eskalationen, Priorisierungsmatrix etc.)?
- Konfigurationsmöglichkeiten
- Support durch den Tool-Hersteller
- Technische Rahmenbedingungen (z. B. Datenformate, Schnittstellen, Technologie etc.)

Nachdem der individuelle Anforderungskatalog zusammengestellt wurde, müssen die einzelnen Leistungskriterien über eine Gewichtung priorisiert werden. Wie detailliert diese Gewichtung ausgearbeitet werden muss, hängt im Wesentlichen von der Komplexität des Anforderungskataloges ab. Abschließend wird aus der Kombination Gewichtung und Leistungskatalog ein Bewertungsschema erstellt, dass die Grundlage für die spätere Auswahl des Projektmanagement Tools darstellt.

7.5 Phase III: Informationsgewinnung

Derzeit sind viele unterschiedliche Toolsets am Markt erhältlich. Um eine effiziente Tool-Auswahl durchführen zu können, ist als erster Schritt eine Grobfilterung der angebotenen Tools notwendig. Am Ende dieser Grobauswahl sollte eine Beschränkung auf maximal fünf potentielle Kandidaten vorgenommen worden sein. Über die Kandidaten, die in der Vorauswahl übrig geblieben sind, werden anschließend Informationen nach den Vorgaben eines vorgefertigten Fragenkatalogs eingeholt. Hierbei ist es sehr wichtig, die Informationen in einer einheitlichen Form abzufragen, sodass die gewonnenen Erkenntnisse über die verschiedenen Produkte miteinander vergleichbar sind.

7.6 Phase IV: Entscheidung

Auf Grundlage des in Phase II erarbeiteten Leistungskatalogs bzw. Bewertungsschemas und der in Phase III gewonnenen Informationen wird nun eine Entscheidungsvorlage erarbeitet.

Die Auswertung wird zeigen, welches Tool unter Berücksichtigung der im Vorfeld festgelegten Kriterien am besten für die Erfüllung der definierten Ziele geeignet ist.

Die auf Grundlage dieses Vorgehensmodells getroffene Entscheidung für ein Projektmanagement Tool birgt die folgenden Eigenschaften in sich:

- sachlich auf Fakten beruhend
- jederzeit nachvollziehbar
- auf den individuellen funktionalen und nicht funktionalen Anforderungen des Unternehmens und der IT-Organisation beruhend

08

SERVIEW CERTIFIEDTOOL

8. SERVIEW CERTIFIEDTOOL

SERVIEW steht für Neutralität, Kompetenz und Qualität

Als unabhängige Unternehmensberatung beobachtet und analysiert SERVIEW den Markt für Softwarelösungen im Bereich "Best Management Practices". In Beratungsprojekten, Softwarevergleichsstudien und auf Fachtagungen bringt SERVIEW mit der Auszeichnung SERVIEW CERTIFIEDTOOL Transparenz und Vergleichbarkeit in den Best Management Practice-Softwaremarkt (ITIL®, PRINCE2®, MSP® etc.). Dabei ist SERVIEW strikt neutral gegenüber Software-Anbietern. Dies bedeutet, dass keine Gebühren für die Aufnahme in Studien, für die Auszeichnung SERVIEW CERTIFIEDTOOL oder Provisionen bei der Empfehlung von Software erhoben werden. SERVIEW bietet auch keine Implementierung von Software an, um keine internen Interessen zu erzeugen.

SERVIEW CERTIFIEDTOOL steht für ausgezeichnete Softwarelösungen für ITIL®, PRINCE2®, MSP® und Co.

Entgegen allen anderen auf dem Markt befindlichen „Gütesiegeln" für Softwarelösungen ist die Auszeichnung SERVIEW CERTIFIEDTOOL kostenlos. Das bedeutet, dass man sich diese Auszeichnung mit keinem Geld der Welt erkaufen kann. Hersteller einer Software Lösung im Bereich Best Management Practice müssen sich den Kriterien von SERVIEW CERTIFIEDTOOL stellen und die sehr hohen Anforderungen nachweislich erfüllen, nur dann wird die Auszeichnung durch die SERVIEW vergeben.

Hersteller müssen Qualität beweisen

Die Lösung wird anhand des SERVIEW CERTIFIEDTOOL Assessment-Kriterien einer ausführlichen Analyse unterzogen. Dazu zählt auch eine Präsentation der Lösung im Live-Betrieb.

Der Weg zur Auszeichnung

Die vier Schritte zur Auszeichnung SERVIEW CERTIFIEDTOOL:

Schritt 1: Bewerbung

Eine Bewerbung ist ein Leistungsangebot, mit dem der Bewerber den Adressaten davon überzeugen will, dass er sich für eine bestimmte Aufgabe eignet.

Schritt 2: Bewertung

Eine Bewertung ist ein Verfahren, das nach SERVIEW CERTIFIEDTOOL festgelegten Kriterien zur Bewertung der Qualität der Service Management Lösung dient. Hierzu wird ein standardisiertes Assessment durchgeführt

Schritt 3: Beurteilung

Eine Beurteilung ist eine Wahrnehmung eines Sachverhaltes. Hier wird nun nach Auswertung des Assessments von den SERVIEW CERTIFIEDTOOL Experten über die Vergabe des Gütesiegels entschieden.

Schritt 4: Bekanntmachung

Eine Bekanntmachung dient der Information, der Werbung oder der Vermittlung. Die erhaltene Auszeichnung SERVIEW CERTIFIEDTOOL wird durch gezielte Informationsverteilung über unsere Webseite Ihrem Zielpublikum bekannt gemacht.

www.serview.de

09

RELEVANTE FRAMEWORKS

9.1 Was ist Agile PM®?

Agiles Projektmanagement hat sich in den letzten Jahren stark etabliert. Gerade im Umfeld von Softwareentwicklung ist z.B. SCRUM nicht mehr wegzudenken.

Agile Project Management™ – Agile PM® basiert auf den erfolgreichen Grundlagen von DSDM Atern®, einem britischen Ansatz für agiles Projekt Management. Mitglieder des DSDM® Konsortiums waren ebenso Mitbegründer der Leitlinien für agile Software Entwicklung im Rahmen des 2001 verabschiedeten Agile Manifesto (http://www.agilemanifesto.org).

Agil ist kurz zusammengefasst die Beschreibung flexibel und lösungsnah in entsprechend ermächtigten Teams zu arbeiten. Hierbei wird der Fokus auf eine zeitnahe Lösung mit einem frühen Mehrwert für den Auftraggeber gelegt.

Im agilen Projekt Management ist somit der Fokus verglichen zu traditionellem Projekt Management ein wenig differenzierter zu betrachten. Im traditionellen Ansatz ist der Aspekt der Eigenschaften / Features eines Projekts häufig fest gesetzt und zu Beginn in der Regel mit den Auftraggebern klar vereinbart. Die Aspekte Zeit und Kosten unterliegen in den klassischen Ansätzen häufig der Anpassung. Benötigt die Zielsetzung mehr Ressourcen, werden auch mehr Ressourcen bereitgestellt. Der Fokus bleibt aber auf der Erreichung der Projektfeatures. Ein Projekt, welches zeitlich in Verzug gerät, bleibt auch mit zusätzlichen Ressourcen meist verspätet. Gerade wenn der Fokus auf der Lieferung einer Lösung zu einem fest definierten Zeitpunkt liegt, ist dieser Ansatz nicht mehr realistisch.

Der agile Ansatz betrachtet alternativ die Variablen Zeit, Kosten und Qualität zu einem frühen Stadium im Projekt als fix. Freiräume in der Entwicklung ergeben sich dann zwangsläufig aus der Anpassung der Features. Und wenn es um die Anpassung der Eigenschaften geht, muss ein klares Verständnis der jeweiligen Relevanz einer

Eigenschaft vorhanden sein. Priorisieren ist somit eine Kernaufgabe im Agilen Projekt Management. Wenn Zeit und Kosten die Reduktion von Features nötig machen, werden zunächst die unwichtigsten Eigenschaften fallen gelassen. Zur Priorisierung wird hier auf die bekannte MoSCoW (Must have, Should have, Could have, Won't have for now) Technik zurückgegriffen. Am Ende liegt in diesem Vorgehen der Fokus ganz einfach in der Realisierung einer zeitnah nutzbaren Lösung, welche die wichtigsten Eigenschaften enthält.

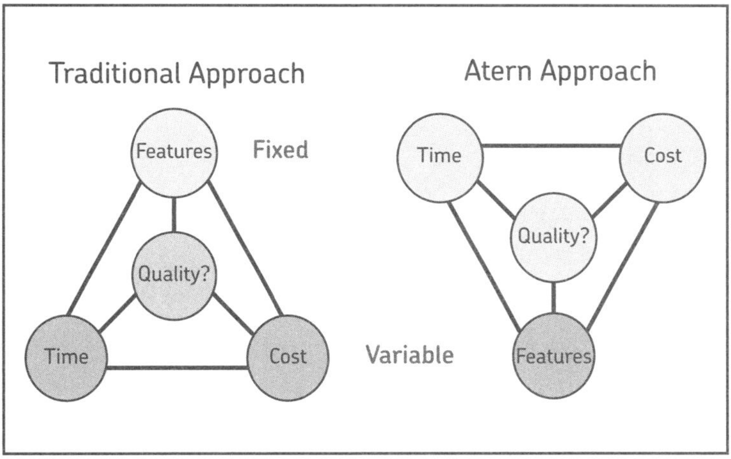

< Abb.
Traditional versus Atern Approach
Source: SERVIEW GmbH based on Agile Project Management Handbook

Bekannter Faktor im agilen Vorgehen ist zudem das Verwenden zeitlich begrenzter Fenster (Timeboxes), in welchen ein zu Beginn definierter Satz an Eigenschaften erzeugt wird.

Durch verschiedene Rollen, angefangen im Business, bis hin zum Entwicklungsteam, wird sichergestellt, dass nötige Fähigkeiten zeitnah im Projekt verfügbar sind. Entwicklungsteams werden in diesem Ansatz stärker ermächtigt Entscheidungen – wenn sie der Gesamtzielsetzung folgen – zu treffen.

Tagesaktuelle Abgleiche sowie Besprechungen von Problemen und Risiken können mit den sogenannten Daily stand up's erfolgen und somit zeitnahe Lösungen herbeiführen.

Agiles Projekt Management ist ein hoch strukturierter Ansatz, welcher den Fokus verstärkt auf das zeitnahe Herbeiführen einer verwendbaren Lösung setzt. In der Softwareentwicklung ist SCRUM ein Vertreter agiler Entwicklungsmethoden, wenn auch von den Formalismen weitaus flexibler bzw. leichtgewichtiger gehalten. Wenn komplexere Strukturen wie komplette Lebenszyklus-Aspekte eines Projekts mit im Spiel sind, ist ein stärker formalisierter Agile PM® Ansatz auf Basis von DSDM Atern® zu wählen. Agile PM® passt sich idealerweise auch in bestehende Managementstrukturen von Projekten mit PRINCE2® oder Programmen mit MSP® ein.

9.1.1 Agile PM Seminar- und Qualifizierungsschema

Agile PM™ Foundation

Das klassische Grundlagentraining ist eine Einführung in agiles Projekt Management auf Basis von DSDM Atern®. Abgeschlossen wird die Ausbildung mit einer Foundation Prüfung mit 60 klassischen Multiple Choice Fragen in 60 Minuten. Zum Bestehen sind 50% zu erreichen.

Agile PM™ Practitioner

In einer Practitioner Ausbildung liegt der Fokus auf dem Erlangen praktischer Erfahrung. Dies wird über Fallstudien im Seminar realisiert. Die Practitioner Prüfung schließt dann auf Basis einer Fallstudie das Seminar mit einer komplexen Multiple Choice Prüfung in 2 Stunden ab. Auch hier sind 50% zum Bestehen notwendig.

9.2 Was ist ITIL®?

ITIL ist eine herstellerunabhängige Sammlung von Best Practices, mit denen es IT Organisationen über einen prozessorientierten skalierbaren Ansatz ermöglicht wird, Effizienzsteigerungen innerhalb ihrer IT zu erzielen und somit ihren Kunden einen gleichbleibenden Service zu liefern. Seit seiner Entstehung in den 80iger Jahren hat sich ITIL zum führenden Framework für die Steuerung, Koordination und das Management der IT entwickelt.

ITIL steht als Abkürzung für „Information Technology Infrastructure Library". Federführend arbeitet heute AXELOS, ein Join Venture der britischen Regierungsbehörde Cabinet Office und der Capita PLC, zusammen mit verschiedensten IT Service Management Instituten und Foren am Ausbau und an der Weiterentwicklung der Bibliothek. Seit den 90er Jahren hat sich ITIL zu einem internationalen De-facto-Standard entwickelt. ITIL war anfangs eine Serie von mehr als 40 Büchern und bestand aus 26 Modulen. Diese erste große Library bezeichnet man auch als ITIL Version 1. Im Zuge der ständigen Verbesserung und der Anpassung an die aktuellen Situationen im IT Umfeld wurden zwischen den Jahren 2000 und 2004 die Inhalte von ITIL Version 1 in einem großen Release modernisiert und in acht wesentlichen Büchern zusammengefasst: ITIL Version 2. Im Frühsommer 2007 erschien die ITIL Version 3, die im Jahr 2011 in Form eines neuen Release (Edition 2011) nochmals überarbeitet wurde.

Die Library besteht aus drei wesentlichen Bereichen:

- ITIL Core (Kernpublikationen)
- ITIL Complementary Guidance (Ergänzungen)
- ITIL Web Support Services

Die Kernpublikationen umfassen einen Satz von fünf Büchern, die ein Lifecycle Modell von der Service Strategie bis zur kontinuierlichen Service Verbesserung abbilden. Die Titel und Themen sind:

- Service Strategy (Service Strategie)
- Service Design (Service Konzeption und -Planung)
- Service Transition (Service Implementierung bzw. Einführung)
- Service Operation (operativer Betrieb von Services)
- Continual Service Improvement (kontinuierliche Verbesserung von Services)

9.2.1 ITIL® Seminar- und Qualifizierungsschema

Im Rahmen von ITIL ist aktuell folgendes Seminar- und Qualifizierungsangebot vorhanden:

*Die ITIL Master Qualification ist keine Ausbildung mit Prüfung, sondern kann ausschließlich von ITIL Experts durch den Nachweis von mehrjähriger Praxiserfahrung in der Andwendung von ITIL erlangt werden.

9.2.2 ITIL® Foundation – der Einstieg

Die Foundation ist der Einstieg in die IT Service Management Laufbahn. Hier gewinnt man einen Überblick über die Library und ihre wichtigsten Elemente. Man lernt die Verknüpfungen zwischen den einzelnen Phasen des Lifecyle, die verwendeten Prozesse und die Vorteile der Service Management Practices kennen. Nach dem Kurs ist man mit der allgemeinen ITIL-Terminologie vertraut.

Nach erfolgreicher Ausbildung und Prüfung sind Kenntnisse zu folgenden Themen vorhanden:

- Service Management in der Praxis
- Service Lifecycle
- ITIL-Schlüssel-Prinzipien und -Modelle
- Wesentliche Konzepte
- Wesentliche Prozesse
- Wesentliche Rollen
- Wesentliche Funktionen

Die Foundation ist die unverzichtbare Basis für alle weiteren Qualifikationen im ITIL-Qualifizierungsschema.

9.2.3 ITIL® Intermediate – zwei Streams zur Auswahl

Der Intermediate Level bietet zwei Streams für die Zertifizierung. Jeder Stream beinhaltet eine Reihe von unterschiedlichen Kursen und Zertifikaten.

Service Lifecycle Stream

Der Fokus der Seminare liegt jeweils auf einer in sich abgeschlossenen Lifecycle-Phase. Man lernt die Prozesse, Aktivitäten, Grundprinzipien und kritischen Erfolgsfaktoren sowie die für die Organisation relevanten Aspekte kennen, die für die Steuerung und das Management der jeweiligen Phase notwendig sind. Ziel ist, das wesentliche Know-how aufzubauen, um alle Inhalte einer bestimmten Lifecycle-Phase verstehen und erfolgreich in der Praxis anwenden zu können.

Service Capability Stream

Der Fokus der Seminare liegt auf den Prozessaktivitäten, der Anwendung und dem Gebrauch des Service Lifecycle. Ziel ist, den Teilnehmern einen detaillierten Blick in die entsprechenden Aktivitäten, Grundprinzipien und deren Anwendung zu ermöglichen.

Kombinieren erlaubt

Die Kurse aus den beiden oben genannten Intermediate Streams sind in sechs Varianten kombinierbar.
Weitere Informationen zu den Kursen und deren Kombinationsmöglichkeiten finden Sie auf der nächsten Seite.

9.2.4 Wie wird man ITIL® Expert?

Das ITIL Qualifizierungsschema beinhaltet ein Punktesystem. Dies bedeutet, dass man für jede erfolgreich abgelegte ITIL Zertifizierung eine bestimmte Anzahl an sogenannten Credits (Punkten) erhält. Sobald man 22 Punkte gesammelt hat, wird einem der ITIL Expert Status verliehen.

		ITIL Expert Weg 1
	Erzielte Punktzahl	22
	Managing across the Lifecycle	5
Capability Module	Planning, Protection & Optimization	
	Service Offerings & Agreements	
	Release, Control & Validation	
	Operational Support & Analysis	
Lifecycle Module	Service Strategy	3
	Service Design	3
	Service Transition	3
	Service Operation	3
	Continual Service Improvement	3
Basis	ITIL Foundation	2

Abb. > Die sechs möglichen Wege zum ITIL® Expert Status

based on AXELOS ITIL® material. Reproduced under licence from AXELOS.

Nicht alle Kurse sind frei miteinander kombinierbar. Im Schaubild sind die sechs möglichen Wege dargestellt.

ITIL Expert Weg 2	ITIL Expert Weg 3	ITIL Expert Weg 4	ITIL Expert Weg 5	ITIL Expert Weg 6
23	24	25	25	24
5	5	5	5	5
4	4	4		
4	4	4	4	
4		4	4	4
4			4	4
				3
			3	3
	3			
	3	3		
	3	3	3	3
2	2	2	2	2

In der Regel ist der effizienteste Weg, den ITIL Expert Status über die Lifcycle Module anzustreben.

Hierfür wurden durch SERVIEW drei verschiedene Ausbildungsvarianten entwickelt. Alle Informationen über die Schulungen und die Inhalte stehen unter www.serview.de zur Verfügung.

Abb. >
ITIL® Ausbildungsvarianten bei der SERVIEW im Vergleich
Source: SERVIEW GmbH

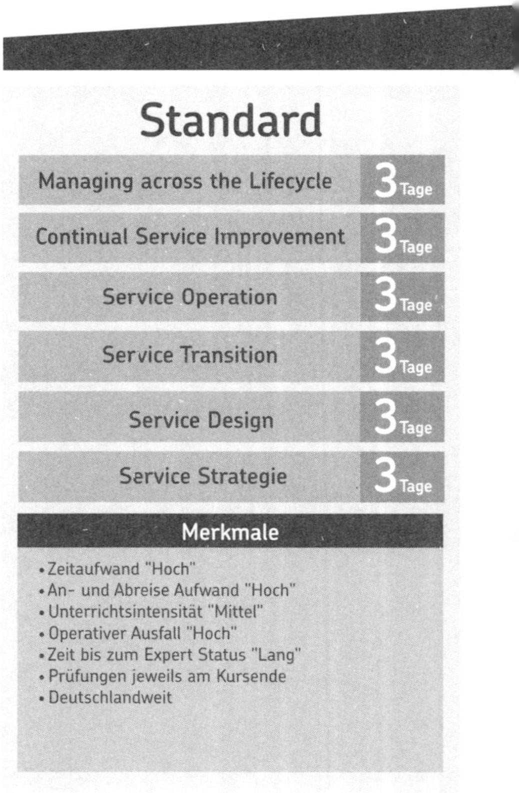

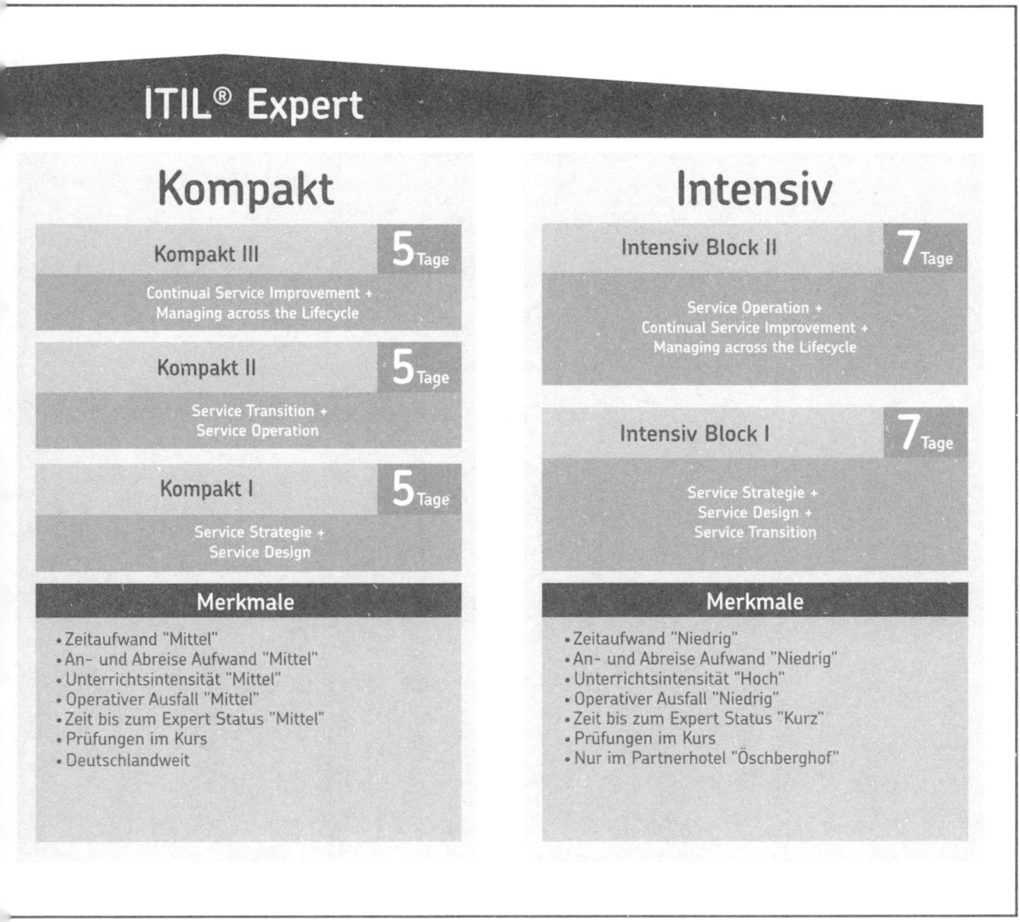
ITIL® Expert
Kompakt
Kompakt III
5 Tage
Continual Service Improvement +
Managing across the Lifecycle
Kompakt II
5 Tage
Service Transition +
Service Operation
Kompakt I
5 Tage
Service Strategie +
Service Design
Merkmale
• Zeitaufwand "Mittel"
• An- und Abreise Aufwand "Mittel"
• Unterrichtsintensität "Mittel"
• Operativer Ausfall "Mittel"
• Zeit bis zum Expert Status "Mittel"
• Prüfungen im Kurs
• Deutschlandweit
Intensiv
Intensiv Block II
7 Tage
Service Operation +
Continual Service Improvement +
Managing across the Lifecycle
Intensiv Block I
7 Tage
Service Strategie +
Service Design +
Service Transition
Merkmale
• Zeitaufwand "Niedrig"
• An- und Abreise Aufwand "Niedrig"
• Unterrichtsintensität "Hoch"
• Operativer Ausfall "Niedrig"
• Zeit bis zum Expert Status "Kurz"
• Prüfungen im Kurs
• Nur im Partnerhotel "Öschberghof"

9.2.5 Wie implementiert man erfolgreich Service Management auf Basis von ITIL®?

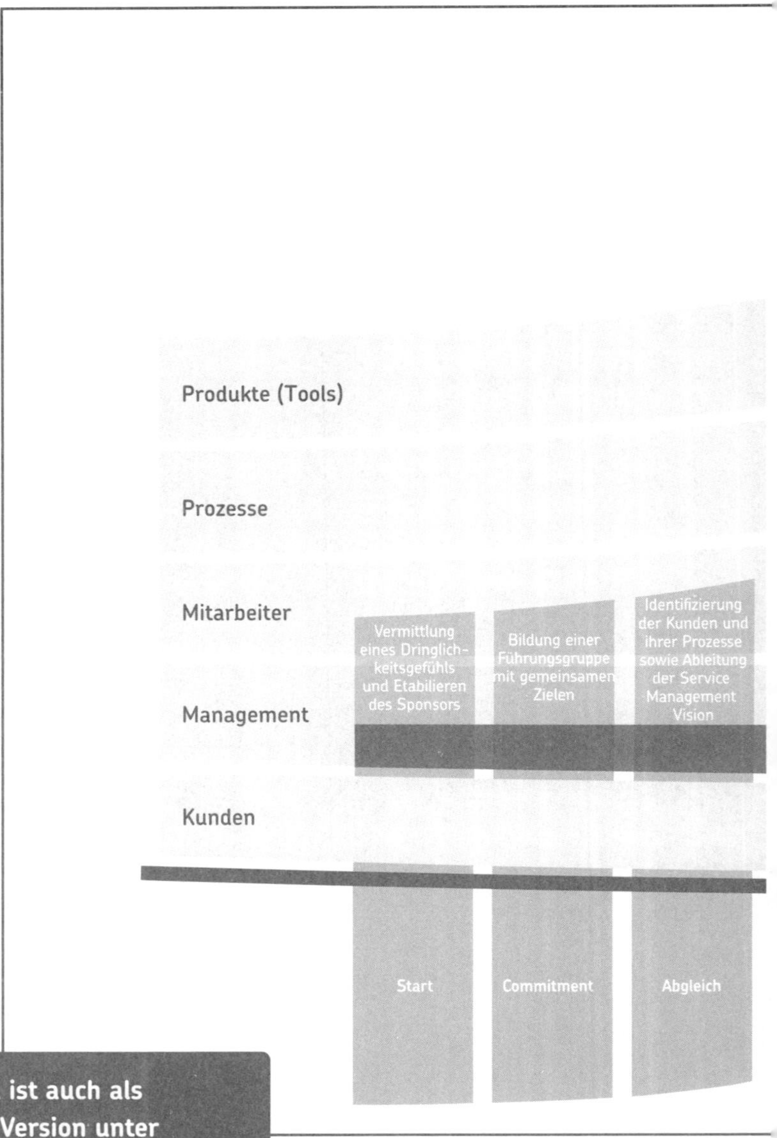

Abb. > Vorgehensmodell zur Einführung von Service Management
Source: SERVIEW GmbH

Dieses Bild ist auch als Download-Version unter www.serview.de erhältlich.

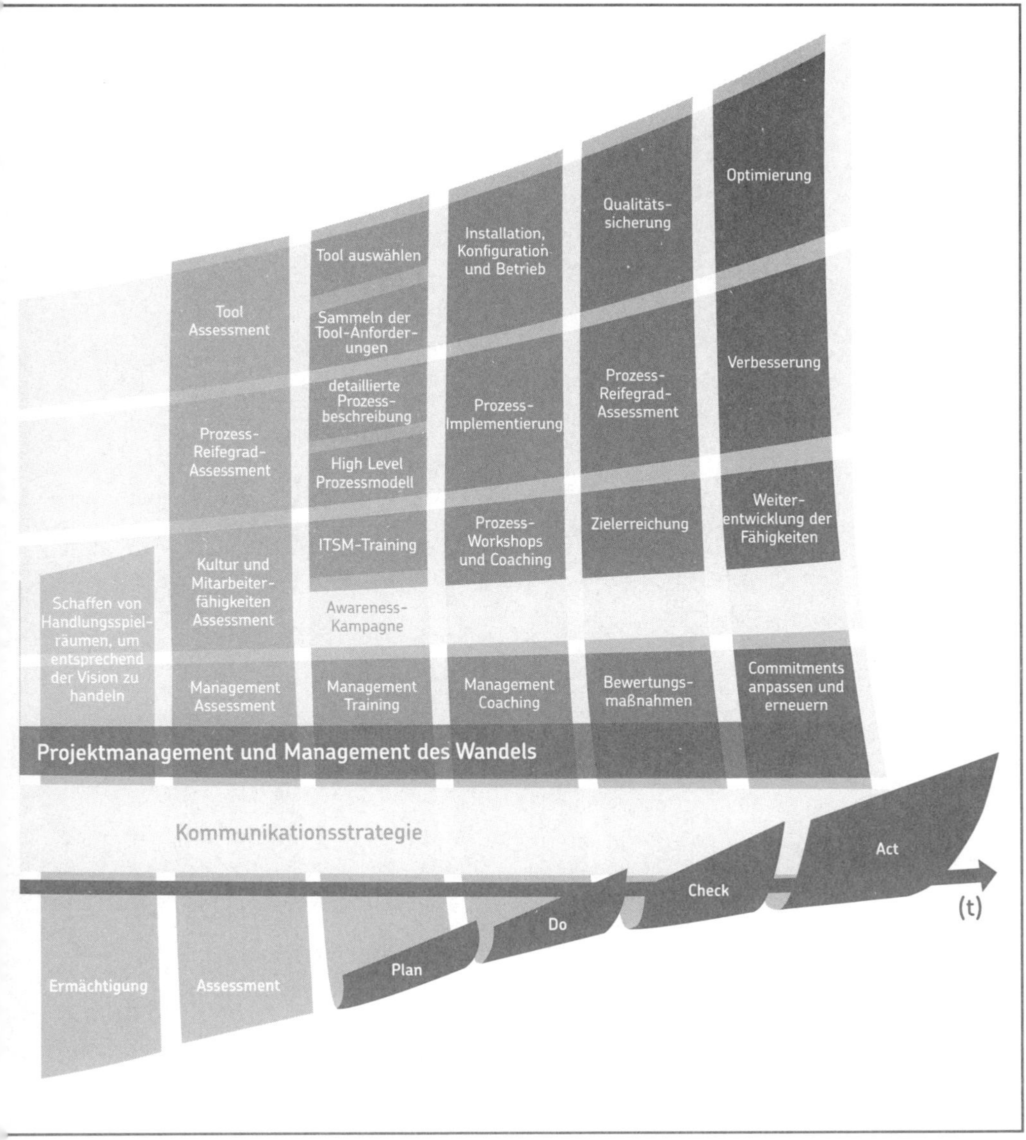
Tool Assessment
Prozess-Reifegrad-Assessment
Kultur und Mitarbeiter-fähigkeiten Assessment
Management Assessment
Schaffen von Handlungsspiel-räumen, um entsprechend der Vision zu handeln
Tool auswählen
Sammeln der Tool-Anforder-ungen
detaillierte Prozess-beschreibung
High Level Prozessmodell
ITSM-Training
Awareness-Kampagne
Management Training
Installation, Konfiguration und Betrieb
Prozess-Implementierung
Prozess-Workshops und Coaching
Management Coaching
Qualitäts-sicherung
Prozess-Reifegrad-Assessment
Zielerreichung
Bewertungs-maßnahmen
Optimierung
Verbesserung
Weiter-entwicklung der Fähigkeiten
Commitments anpassen und erneuern
Projektmanagement und Management des Wandels
Kommunikationsstrategie
Ermächtigung
Assessment
Plan
Do
Check
Act
(t)

9.3 Was ist ISO*/IEC 20000?

Die Norm gilt als der international anerkannte Qualitätsstandard für IT Service Management. Sie fordert den integrierten Einsatz von Management-Prozessen für die Lieferung von Dienstleistungen (Services) als ganzheitlichen Ansatz zwischen internen und externen Organisationen im Rahmen eines Service Management Systems.

Die ISO/IEC 20000 gibt die Mindestanforderungen vor, die ein IT-Service-Provider erfüllen sollte, um Dienstleistungen kunden- und businessorientiert anbieten zu können. Weiterhin stellt sie die kontinuierliche Verbesserung und die Überprüfung der Services in den Mittelpunkt. Dabei orientiert sich die Norm an den Prozessbeschreibungen der IT Infrastructure Library, so dass ein Großteil der Anforderungen durch die konsequente Umsetzung der Best Practices aus ITIL abgedeckt werden kann.

9.3.1 Wie kam es zur ISO/IEC 20000?

Ihren Ursprung hat die Norm in dem BS 15000 Standard, welcher im November 2000 vom British Standards Institute (BSI) als die neue Norm für Service Management in der Informationstechnologie auf einer Konferenz des IT Service Management Forums (itSMF UK) in Birmingham, England, vorgestellt wurde.

Im Zuge der Weiterentwicklung und der Verbreitung der Norm in der europäischen Union wurde der BS 15000 in einem „fast Tracking"-Verfahren im Jahre 2005 in die ISO/IEC 20000 überführt und am 15. Dezember 2005 veröffentlicht.

Im weiteren Verlauf sind ergänzende Dokumente (Technical Reports) entstanden und veröffentlich worden. Im Jahr 2010 wurde die ISO/IEC 20000-1 einem Review unterzogen und dabei grundlegend überarbeitet. Im April 2011 wurde die neue Version veröffentlicht und ersetzt damit die bisher gültige 2005er Version in der Anwendung für Zertifizierungen und interne Audits bei IT-Service-Providern.

*International Organisation for Standardization

9.3.2 Wie ist die ISO/IEC 20000 aufgebaut?

Das folgende Schaubild gibt einen Überblick über die in der Norm beschriebenen Prozesse, Prinzipien und Ansätze.

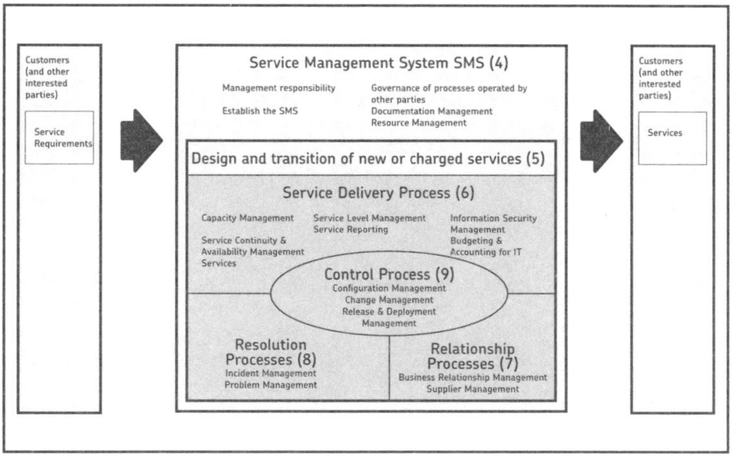

< Abb.
Übersichtsgrafik der neuen ISO/IEC 20000-1:2011 Struktur
Source: www.iso.org – ISO/IEC 20000-1:2011

9.3.3 Was beinhalten die einzelnen Teile der ISO/IEC 20000?

- **ISO/IEC 20000 Part 1 – „Service Management: Specification"**

  Der erste Teil (ISO/IEC 20000-1:2011) enthält die formelle Spezifikation („Shall"-Kriterien) des Standards. Es sind Vorgaben dokumentiert, die eine Organisation einhalten, sicherstellen und nachweisen muss, um eine Zertifizierung zu erhalten.

- **ISO/IEC 20000 Part 2 – „Guidance on the application of Service Management"**

  Innerhalb des zweiten Teils (ISO/IEC 20000-2:2011) werden die Anforderungen des ersten Teils um Erläuterungen von Best Practice Ansätzen ergänzt. Dieser Teil bietet Leitlinien und Empfehlungen für die IT Service Management-Prozesse im Rahmen des formellen Standards.

- **ISO/IEC 20000 Part 3 – „Guidance on scope definition and applicability of ISO/IEC 20000-1“**
  Dieses ergänzende Dokument (Technical Report) dient als Hilfestellung zur Festlegung des Betrachtungs-Scopes und der grundsätzlichen Anwendbarkeit der Norm.

- **ISO/IEC 20000 Part 4 – „Process reference model“**
  Ebenfalls ein ergänzendes Dokument (Technical Report), welches einen Überblick des zu Grunde liegenden Prozess- Modells liefert.

- **ISO/IEC 20000 Part 5 – „Exemplar implementation plan for ISO/IEC 20000-1“**
  Beispielhaftes Implementierungsschema für eine Umsetzung der Normanforderungen bei einem IT-Service-Provider.

5.2.4 Zertifizierung eines IT-Service-Providers

Die erfolgreiche Umsetzung von IT Service Management Prinzipien bei einem IT-Service-Provider kann durch die ISO/IEC 20000 zertifiziert werden. Damit besteht die momentan einzige Möglichkeit, eine erfolgreiche Implementierung des IT Service Managements anhand eines internationalen Standards objektiv zu messen und zu auditieren.

> **Anmerkung:** Eine Zertifizierung nach ITIL bei einem IT-Service-Provider ist nicht möglich, da ITIL keinen Standard beschreibt, sondern Best Practices vermittelt.

Eine ISO/IEC 20000 Zertifizierung kann auf einen Kunden, einen IT-Service oder einen Standort des IT-Service-Providers begrenzt werden. Durchgeführt werden die Zertifizierungsaudits durch unabhängige Prüforganisationen – den Certification Bodies (CB), die im Laufe eines Zertifizierungsaudits die Umsetzung der geforderten Punkte überprüfen.

Weiterhin muss der IT-Service-Provider verschiedene Dokumente und Reports (documents & records) vorweisen können, um die Effektivität und Effizienz, die Planung, das Handling und die Steuerung von:

- Richtlinien und Plänen
- Service Level Agreements
- Prozessen und Prozeduren
- Aktualität der Reports
- Prozeduren und Verantwortlichkeiten für das Management der Dokumentationen

vorweisen zu können.

Alle Rollen und Verantwortlichkeiten des Service Managements müssen definiert und bezüglich der geforderten Kompetenzen stets aktuell sein. Mitarbeiterkompetenzen und Trainingsanforderungen müssen regelmäßig überprüft werden und das Top Management muss sicherstellen, dass:

- Jedem seine Rolle und deren Aufgaben bekannt sind
- Jeder die Notwendigkeit zur Erreichung der Zielsetzung des Service Managements verstanden hat.

9.3.5 Seminare

Die ISO/IEC 20000 bietet eine ganze Reihe an Qualifizierungsmaßnahmen.
Aktuelle Informationen über alle angebotenen Seminare finden Sie unter www.serview-iso20000.de.

9.4 Was ist COBIT5®?

Viele Unternehmen haben in den vergangenen Jahren ein großes Augenmerk auf das Thema Governance gelegt und dabei aus dieser Perspektive auch ihre IT-Ausrichtung professionalisiert.
COBIT gilt als das international am meisten anerkannte Framework für Governance und Management von IT (wenn COBIT von „IT" spricht, ist dabei weniger die organisatorische Einheit gemeint, als vielmehr alles, was mit Informationen und den damit in Bezug stehenden Technologien zu tun hat). Es gliedert IT-bezogene Aufgaben in Form eines Domänen- und Prozess- Frameworks und liefert Verbindungen von Unternehmenszielen zu IT- und Prozesszielen. COBIT stellt darüber hinaus Messgrößen und Fähigkeitsbewertungsmodelle zur Verfügung, identifiziert Verantwortlichkeiten auf Unternehmens- und IT-Seite und betont die Bedeutung des „Faktor Mensch" für den Erfolg aller Governance- und Management Aktivitäten.

Die Anwendung des Frameworks soll dabei die Erreichung folgender Ziele unterstützen:

- Realisierung von Geschäftsnutzen durch eine effektive und innovative Nutzung der Unternehmens-IT
- Erreichen von operativer Excellence durch verlässlichen und effizienten Technologieeinsatz
- Begrenzung der mit IT zusammenhängenden Risiken auf ein akzeptables Niveau
- Optimierung der Kosten für IT Services und Technologien
- Erfüllung von immer höher werdenden rechtlichen und regulatorischen Anforderungen

COBIT wurde vom internationalen Verband der IT- und Wirtschaftsprüfer (ISACA, Information Systems Audit and Control Association) entwickelt. COBIT basiert auf den international anerkanntesten Standards, Frameworks und Best Practices wie z. B. ITIL, PRINCE2, COSO, ISO 38500 oder ISO 27000. In COBIT werden diese unterschiedlichen Guidelines integriert und die wichtigsten Inhalte in einem übergeordneten Framework zusammengeführt. Dabei konzentriert sich COBIT im Wesentlichen darauf, WAS erforderlich ist, um angemessene Governance und Management der IT zu erreichen, und weniger auf das WIE.

COBIT ist in seiner aktuellen Version 5 zu einer umfangreichen Produktfamilie angewachsen. COBIT 5 liefert eine ganzheitliche, integrative und komplette Sicht auf Governance und Management der IT. Diese ist konsistent, bietet eine durchgängige Sicht auf alle IT-bezogenen Sachverhalte und liefert eine ganzheitliche und systemische Perspektive. Darüber hinaus ist COBIT 5 konsistent zu generell akzeptierten Corporate Governance Standards sowie weiteren Standards und Rahmenwerken, die behilflich sind, regulative Anforderungen zu erfüllen. Dabei baut COBIT 5 auf mehr als 15 Jahre Erfahrung bei praktischem Einsatz und Anwendung von Governance und Management der IT auf.
Dabei bleibt der Fokus auf der Ebene von Zielsetzung, Steuerung und Messung, sodass COBIT 5, wie in den vorhergehenden Versionen, in keiner Weise versucht mit stärker umsetzungsorientierten Rahmenwerken wie PRINCE2 oder ITIL in Konkurrenz zu treten.
In Anlehnung an die ISO 38500 werden in COBIT 5 der Unterschied zwischen Governance und Management sowie die Verantwortlichkeiten der Unternehmensleitung für die Governance der IT stark hervorgehoben. Das enthaltene Prozessmodell zeigt auf, wie Aufgaben und Verantwortlichkeiten zwischen Business-Seite und IT verteilt sind und wie diese zusammenspielen. Darüber hinaus wird auch die Rolle des „Faktors Mensch“ bei Umsetzung und Weiterentwicklung von Governance und Management der IT berücksichtigt.

9.4.1 Seminar- und Qualifizierungsschema COBIT 5®

Für COBIT 5 gibt es folgende Seminare und Qualifizierungen:

COBIT 5 Foundation:

Bei dem 2 tägigen COBIT 5 Foundation Training und Zertifizierung handelt es sich um eine Grundlagen-Qualifikation. Das Seminar gibt Ihnen einen kompakten Überblick über die Architektur, die Schlüsselprinzipien, die grundlegenden Konzepte und Prozesse, sowie über die in COBIT enthaltenen Publikationen und bereitet Sie auf die weiterführenden COBIT 5 – Seminare vor.

Nach dem Training sind Sie in der Lage, den Nutzen, der durch die Anwendung von COBIT 5 entsteht, für Ihr Umfeld zu beurteilen und das Thema IT-Governance wertschöpfend voran zu bringen.

COBIT 5 Implementation:

COBIT kann nur dann erfolgreich eingesetzt werden, wenn es effektiv an die individuelle Umgebung des Unternehmens angepasst wird. Jeder Implementierungsansatz muss sich zudem mit den spezifischen Herausforderungen auseinander setzen, insbesondere dem Umgang mit Kultur und Verhalten.

Im Rahmen der COBIT 5 Produktfamilie bietet die Publikation „COBIT 5 Implementation" einen praktischen und umfassenden Implementierungsleitfaden, der auf einem Lebenszyklus der kontinuierlichen Verbesserung basiert. Er möchte weder einen bestimmten Ansatz vorschreiben, noch versteht er sich als vollständige Lösung. Der Leitfaden soll als Orientierung dienen, um gängige Stolperfallen zu vermeiden, von bewährten Verfahren zu profitieren und die Schaffung erfolgreicher Ergebnisse zu unterstützen.

Das COBIT 5 Implementation Seminar sowie die dazugehörige Qualifikation basieren auf dieser Publikation.

Bei dem COBIT 5 Implementation Training und Zertifizierung handelt es sich um eine Qualifikation für Fortgeschrittene (Practitioner-Level). Ziel des Seminars COBIT 5 Implementation ist es, Sie in die Lage zu versetzen, den COBIT 5 Implementierungsansatz in Ihrer Organisation anzuwenden.

COBIT 5 Assessor:
Die COBIT 5 Produktgruppe umfasst ein Prozessbefähigungsmodell (Process Assessment Model (PAM)), das auf dem international anerkannten Standard „ISO/IEC 15504 Informationstechnik - Prozess-Assessment“ beruht. Diese Publikation wird ergänzt durch den „COBIT 5 Assessor Guide“, welcher die wesentliche Anleitung liefert, um eine Bewertung der Leistungsfähigkeit von Prozessen durchzuführen. Es werden die wichtigsten Schritte von der Assessment Initiierung bis zum Reporting der Assessment Ergebnisse aufgezeigt inklusive der notwenigen Rollen, Verantwortlichkeiten und Kompetenzen.
Das COBIT 5 Assessor Seminar sowie die dazugehörige Qualifikation basieren auf diesen Publikationen.
Bei dem COBIT 5 Assessor Training und Zertifizierung handelt es sich um eine Qualifikation für Fortgeschrittene (Practitioner-Level). Ziel des COBIT 5 Assessor Seminars ist es, Sie in die Lage zu versetzen, das Process Assessement Model (PAM) anzuwenden und die Rolle eines Assessors oder Lead Assessors einzunehmen und auszufüllen.

9.5 Was ist M_o_R® (Management of Risk)?

Kritische Zustände kommen in den seltensten Fällen völlig überraschend auf Organisationen zu. Meist sind die Risiken bekannt, werden aber in den wenigsten Fällen ernst genommen bzw. zu spät erkannt. Zum Verständnis ist es notwendig, den Begriff „Risiko“ und dessen Bedeutung zu definieren:

Ein Risiko ist ein Ereignis bzw. eine Gruppe von Ereignissen, deren Eintreten ungewiss ist und Auswirkungen auf die Erreichung der Ziele haben wird. Dabei ist wichtig festzuhalten, dass dieses Ereignis nicht nur negative sondern durchaus auch positive Konsequenzen haben kann. Ein Risiko wird anhand der Eintrittswahrscheinlichkeit des Ereignisses und der Auswirkungen auf die Zielereichung bewertet. Mit Risiken werden Menschen und Unternehmen tagtäglich konfrontiert, sei es zum Beispiel auf dem Weg zur Arbeit, im Auto oder im Unternehmen bei der Entscheidung für eine neue Geschäftsstrategie.

Im Sinne von Organisationen ist das Thema Risikomanagement (Management of Risk, M_o_R®) ein zentraler Bestandteil der Geschäftsstrategie. Jedes Unternehmen wird sich in der einen oder anderen Art und Weise mit dem Thema Risikomanagement auseinandersetzen. Diese bewussten oder unbewussten Aktivitäten finden meist nicht transparent und nachvollziehbar statt. Hierbei fehlt es vor allem an entsprechend definierten Prozessen im Rahmen eines Risikomanagements.

9.5.1 Warum ist Risikomanagement notwendig?

Durch neue Grundsätze im Rahmen der Unternehmensführung und gesetzliche Vorschriften ist die intensivere Bewertung von Risiken für den Geschäftsbetrieb heutzutage unerlässlich.

Vor allem infolge der US-Bilanzskandale von Unternehmen wie Enron oder Worldcom und des daraus entstandenen Sarbanes Oxley Act (SOX) für an amerikanischen Börsen notierte Unternehmen spielt der Umgang mit Risiken eine besonders herausragende Rolle. SOX beinhaltet Aspekte der Corporate Governance, Compliance und Berichterstattung. Durch diese notwendige Einhaltung können Risiken früher erkannt werden, um damit sowohl Unternehmen als auch Anleger vor Verlusten zu schützen.

SOX ist zudem einer der Treiber, weshalb Unternehmen Best-Practice-Ansätze wie PRINCE2 und ITIL umsetzen. Darunter fallen auch die Methoden, die der Best-Practice-Ansatz im Rahmen des Risikomanagements vorsieht.

Ziel des Risikomanagements ist, Unternehmen ein Werkzeug an die Hand zu geben, mit dem sie in definierten Schritten (Best Practice) eine bessere Einschätzung ihrer aktuellen Situation erlangen und mit dem sie die drohenden Auswirkungen besser bewerten können.

Es ist nicht unbedingt das Ziel des Risikomanagements, Risiken und deren Auswirkungen gänzlich zu vermeiden. Wichtiger ist hierbei, eine korrekte Einschätzung der Situation zu bekommen und entsprechende Maßnahmen einzuleiten, um das Erreichen der Unternehmens-, Programm-, Projekt oder operativen Ziele zu ermöglichen.

9.5.2 Wann und wo sollte Risikomanagement angewandt werden?

Eine Anwendung und Etablierung von Risikomanagement ist überall dort zu empfehlen, wo kritische Entscheidungen getroffen werden. Ausgerichtet auf langfristige Ziele, fokussiert sich Risikomanagement auf die Bewertung von Risiken im Verhältnis zu den strategischen Zielen einer Organisation. Strategisches Risikomanagement ist in den meisten Fällen Chancenmanagement auf höchster Unternehmensebene.
Auch mittelfristig muss im Rahmen von Projekten und Programmen Risikomanagement essentieller Bestandteil jeder Planung sein. Ebenso verhält es sich mit der Absicherung operativer Funktionen. Gerade hier muss im täglichen Betrieb gewährleistet sein, dass jegliche Bedrohungen erkannt werden und der Betrieb sichergestellt ist.

Abb. > Anwendungsschwerpunkte von Risikomanagement based on AXELOS Management of Risk® material.
Reproduced under licence from AXELOS.

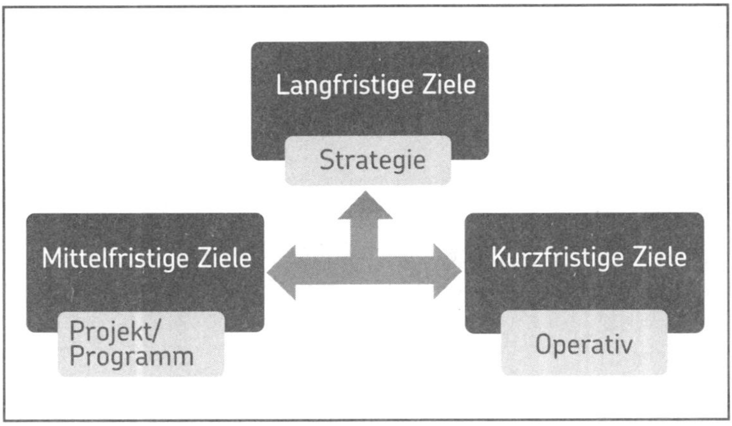

9.5.3 Grundsätze des Risikomanagements

Für die Entwicklung von Verfahren im Rahmen eines unternehmensweiten Risikomanagements müssen verschiedene Grundsätze definiert sein. Diese müssen präzise, verständlich sowie einfach umsetzbar sein. Im Rahmen des Best-Practice Ansatzes beschreibt M_o_R folgende generische Grundsätze bzw. Voraussetzungen:

1. Verständnis der organisatorischen Zusammenhänge
2. Rolle sowie Integration der Interessensvertreter (Stakeholder)
3. Kenntnis über die Zielsetzungen der Organisation
4. Etablierung von M_o_R-Methoden
5. Implementierung von Managementinformationen (Reports)
6. Definition von Rollen und Verantwortlichkeiten
7. Strukturierte Betriebsabläufe
8. Frühzeitige Warnsysteme
9. Review-Zirkel, Qualitätssicherung
10. Überwindung von Barrieren im Bereich M_o_R (kritische Erfolgsfaktoren, Hindernisse)
11. Kultur und Organisation
12. Kontinuierliche Verbesserungsprozesse (KVP)

Diese Grundsätze können auch als Erfolgsfaktoren für die Umsetzung von Risikomanagement angesehen werden.

Wie alle Erfolgsfaktoren entwickeln sich die Grundsätze des Risikomanagements kontinuierlich weiter und müssen von Zeit zu Zeit angepasst werden. Organisationen sind dazu angehalten, ihre Strategien an die Bedürfnisse des Marktes anzupassen, wozu auch die kontinuierliche Bewertung von Risiken gehört.

9.5.4 Methoden des Risikomanagements

Jedes Unternehmen verwendet unterschiedliche Ansätze im Bereich des Risikomanagements.

Um diese Methoden zu formulieren und den Beteiligten näherzubringen, empfiehlt der M_o_R-Ansatz die Entwicklung von entsprechenden Dokumenten, die die Ansätze des Risikomanagements erfassen und verbreiten.

Prinzipiell geht es darum, in der Organisation ein Bewusstsein für die Risiken des Unternehmens zu schaffen und dazu geeignete Verfahren zu entwickeln. Dazu werden folgende Leitlinien empfohlen:

- Risk Management Policy: Ein Grundlagendokument, welches Richtlinien zum Risikomanagement definiert, den Umgang mit Risiken innerhalb der Organisation festlegt sowie die Art der Kommunikation beschreibt. Diese Richtlinien sind strategisch ausgerichtet.
- Risk Management Process Guide: Beschreibung der Prozesse im Risikomanagement von der Identifizierung bis hin zur Implementierung
- Risk Management Strategies: Beschreibung von Aktivitäten im Risikomanagement für (bestimmte) Teile der Organisation
- Risk Registers: Erfassung bzw. Zusammenfassung jeglicher Bedrohungen und Chancen für jeden Bereich der Organisation
- Issue Logs: Sachbezogene Erfassung aller identifizierten Themen inklusive schon eingetretener Risiken

Das Bewusstsein für diese Themen muss Bestandteil der Organisationskultur werden. Dazu fassen die Dokumente Aufgaben, Verantwortlichkeiten und Kompetenzen im Rahmen der Identifizierung und Bewertung von Risiken zusammen.

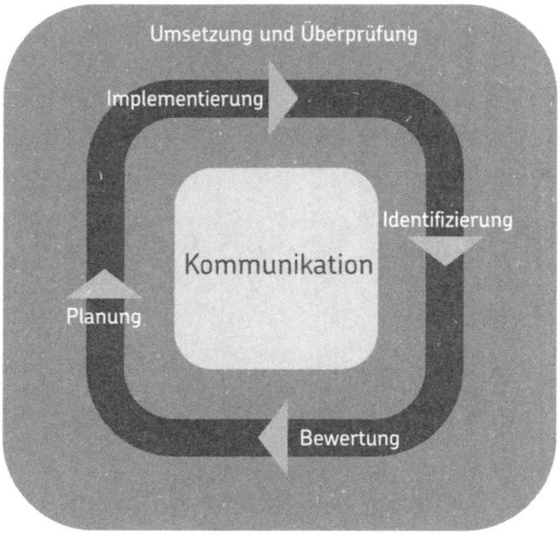

Abb. > Methoden des Risikomanagements based on AXELOS Management of Risk®material. Reproduced under licence from AXELOS.

9.5.5 Prozesse des Risikomanagements

Risikomanagement lässt sich in vier Teilprozesse gliedern:

- Identifizierung (Identifizierung des Kontexts und der Risiken)
- Bewertung (Bewertung von Risiken und deren Auswirkungen, Berechnung von Eintrittswahrscheinlichkeiten anhand von mathematischen Methoden)
- Planung (Vorbereitung von Maßnahmen aus Sicht des Managements, um auf identifizierte Risiken zu reagieren)
- Implementierung (Durchführung der gewählten Maßnahmen zur Behandlung der Risiken mit anschließender Überwachung)

Die vier Prozesse ergeben einen zusammenhängenden, logischen Ansatz für die Implementierung von Risikomanagement. Jeder nachfolgende Schritt kann ohne die Ergebnisse des Vorgängers keine brauchbaren Aussagen im Rahmen des Risikomanagements liefern.

9.5.6 Seminar- und Qualifizierungsschema M_o_R®

Für das Risikomanagement (M_o_R) gibt es folgende Seminare und Qualifizierungen:

M_o_R®-Foundation

In der zweitägigen Foundation-Ausbildung werden die Grundsätze des Risikomanagements sowie die Methoden und Prozesse des M_o_R-Ansatzes vermittelt. Die Ausbildung zur M_o_R-Foundation wird mit einer Zertifizierungsprüfung abgeschlossen. Diese umfasst 75 Fragen im Multiple-Choice-Stil und dauert 60 Minuten.

M_o_R®-Practitioner

In der dreitägigen Practitioner-Ausbildung werden die Grundsätze, Methoden und Prozesse im Rahmen des M_o_R -Ansatzes in aller Tiefe ausgearbeitet. Hierbei ist der Transfer in die Praxis von großem Interesse. Dazu findet als Abschluss eine dreistündige Prüfung statt, die auf einer Praxissituation beruht (Fallstudie). Die erfolgreich abgeschlossene Foundation-Ausbildung ist hierfür Grundlage.

Es gibt zwei verschiedene Ausbildungsvarianten. Alle Informationen über die Schulungen und die Inhalte finden Sie unter www.serview.de

9.6 Was ist CMMI (Capability Maturity Model Integration)?

Das Capability Maturity Model Integration ist ein Reifegradmodell zur Beurteilung und Verbesserung der Qualität von Entwicklungsprozessen in Organisationen. Dabei werden die Stärken und Schwächen einer Entwicklung objektiv analysiert. So können Verbesserungsmaßnahmen bestimmt und in eine sinnvolle Reihenfolge gebracht werden.

CMMI wird im Wesentlichen zur Optimierung der Produktentwicklung genutzt. Darüber hinaus hat es sich in der Industrie als De-facto-Standard zur Überprüfung des Reifegrades etabliert und gilt als anerkannte Auszeichnung.

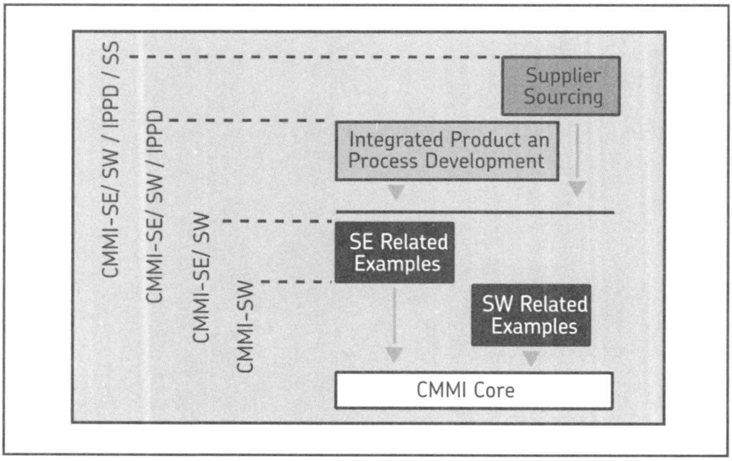

Abb. > Übersicht über die CMMI Modelldisziplinen und Kombinationen

CMMI ist die neue Version des Software Capability Maturity Models. Es ersetzt nicht nur verschiedene Qualitätsmodelle für unterschiedliche Entwicklungsdisziplinen (z. B. für die Software- oder Systementwicklung), sondern integriert diese auch in einem neuen, modularen Modell. Dieses modulare Konzept ermöglicht zum einen die Integration weiterer Entwicklungsdisziplinen (z. B. Hardwareentwicklung), zum anderen auch die Anwendung des Qualitätsmodells in übergreifenden Disziplinen (z. B. Entwicklung von Chips mit Software).

CMMI definiert eine Reihe von Prozessgebieten (siehe Grafik). Ein Prozessgebiet (Process Area) spezifiziert die Anforderungen an eine professionelle Produktentwicklung auf einem bestimmten Gebiet durch ein Bündel verwandter Praktiken. Diese – sofern sie gemeinsam ausgeführt werden – erfüllen eine Reihe von Zielen, die für eine deutliche Verbesserung auf diesem Gebiet wichtig sind.

Beispiel: Auf dem Prozessgebiet „Projektplanung" sind die Ziele: „Schätzungen aufstellen", „Einen Projektplan entwickeln" und „Verpflichtung auf den Plan herbeiführen". Die Praktiken zum Ziel „Schätzungen aufstellen" sind „Umfang", „Projektlebenszyklus definieren" und „Schätzungen von Aufwand und Kosten aufstellen".

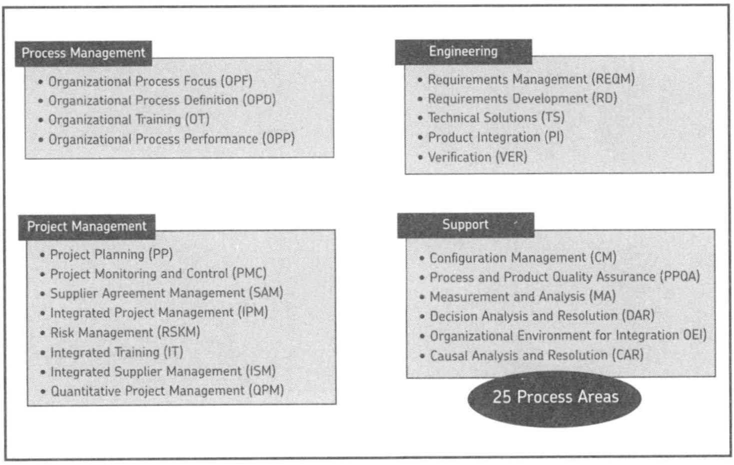

< Abb.
Übersicht über die CMMI Modelldisziplinen und Kombinationen

Die Prozessgebiete sind in vier Kategorien eingeteilt: Projektmanagement (Project Management), Entwicklung (Engineering), Unterstützung (Support) und Prozessmanagement (Process Management). Während die ersten beiden Kategorien die Prozessgebiete enthalten, die typischerweise in Projekten umgesetzt werden, ist Prozessmanagement vor allem eine organisationsweite Aufgabe. Die Prozessgebiete in der Kategorie „Unterstützung" können sowohl eine Projekt- als auch eine Organisationsaufgabe sein.

Für die Prozessgebiete, Ziele und Praktiken gibt CMMI jeweils zusätzliche erklärende Informationen. So wird z.B. jedes Prozessgebiet zunächst erläutert, und im Anschluss werden die in Verbindung stehenden Prozessgebiete aufgezählt. Jede Praktik wird durch einen Erklärungstext, typische Arbeitsergebnisse sowie spezielle Arbeitsschritte weiter erläutert.

Im Prinzip stellt CMMI somit einen Anforderungskatalog mit generischen und spezifischen Zielen und Praktiken dar – ähnlich den Kontrollzielen in COBIT. Je nach Umsetzungsgrad der vorgegebenen Ziele und Praktiken wird ein bestimmter Reife- oder Fähigkeitsgrad vergeben.

Das Modell stellt zwei Betrachtungsweisen zur Verfügung, Maturity Level und Capability Level.

Der Maturity Level zeigt den Reifegrad auf, den eine Organisation in Bezug auf die Produktentwicklung erreicht hat. Ein Reifegrad umfasst eine Menge von Prozessgebieten, die zu einem bestimmten Fähigkeitsgrad umgesetzt sein müssen.

Den möglichen Reifegradstufen 1 bis 5 ist also die Umsetzung definierter Prozessgebiete pro Level vorausgesetzt. CMMI beschreibt folgende Reifegrade:

1. **Initial:** Keine Anforderungen. Diesen Reifegrad hat jede Organisation automatisch.
2. **Managed:** Die Projekte werden unter Anleitung durchgeführt. Ein ähnliches Projekt kann erfolgreich wiederholt werden.
3. **Defined:** Die Projekte werden nach einem angepassten Standardprozess mit einer kontinuierlichen Prozessverbesserung durchgeführt.
4. **Quantitatively Managed:** Es wird eine statistische Prozesskontrolle durchgeführt.
5. **Optimizing:** Die Prozesse werden mit den Daten aus der statistischen Prozesskontrolle verbessert.

Der Capability Level zeigt den Fähigkeitsgrad auf, den eine Organisation auf einem bestimmten Prozessgebiet erreicht hat. Für das betrachtete Prozessgebiet kann ein Capability Level (Fähigkeitsgrad) von 0 bis 5 erreicht werden.

Durch die Fokussierung auf einzelne Prozessgebiete ist eine flexiblere Anpassung und Aussteuerung der Organisationsfähigkeiten möglich.

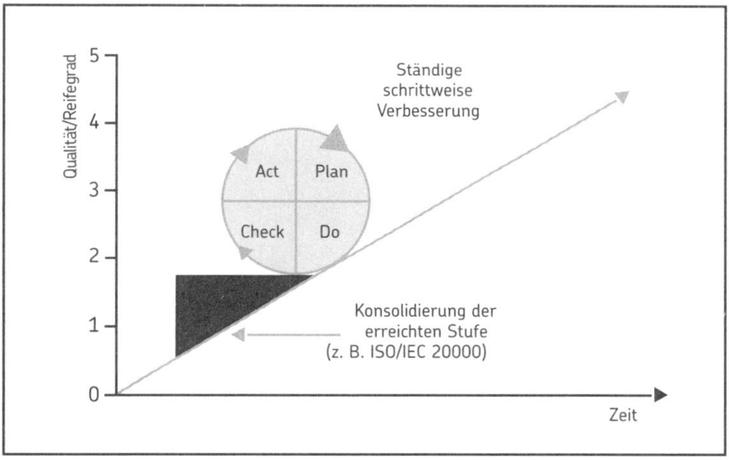

< Abb. Deming-Cycle mit CMMI

Source: Continual Service Improvement 2011 Edition

Ein Fähigkeitsgrad bezeichnet den Grad der Institutionalisierung eines einzelnen Prozessgebiets.

Die Fähigkeitsgrade sind:

0. **Incomplete:** Ausgangszustand. Keine Anforderungen.
1. **Performed:** Die spezifischen Ziele des Prozessgebiets werden erreicht.
2. **Managed:** Der Prozess wird verwaltet.
3. **Defined:** Der Prozess wird auf Basis eines angepassten Standardprozesses verwaltet und verbessert.
4. **Quantitatively Managed:** Der Prozess steht unter statistischer Prozesskontrolle.
5. **Optimizing:** Der Prozess wird mit den Daten aus der statistischen Prozesskontrolle verbessert.

9.7 Was ist MSP®?

Managing Successful Programmes (MSP) ist ein Leitfaden für Best Practices im Bereich Programm-Management.

MSP bietet ein bewährtes Rahmenwerk für die Umsetzung von Veränderungen und Erneuerungen mit Hilfe von Programm-Management. MSP definiert Programm-Management als „die Durchführung der koordinierten Organisation, Anordnung und Implementierung eines Portfolios von Projekten, um für das Geschäft strategisch wichtige Ergebnisse und Vorteile zu erzielen".

MSP findet sowohl im öffentlichen als auch privaten Sektor breite Anwendung. Es bietet einen soliden Ansatz, um Organisationen effektiv dabei zu unterstützen, Veränderungen strukturiert und ergebnisorientiert umzusetzen. Die neueste, 2011 veröffentlichte, Ausgabe stellt einen strukturierten Standard zur Verfügung, der die wesentlichen Aspekte des ProgrammManagements betrachtet.

Organisationen müssen sich heute in einer Umgebung des kontinuierlichen und zunehmenden Wandels behaupten. Diejenigen, die gelernt haben, sich selbst durch effiziente Führung und strategische Steuerung weiterzuentwickeln, haben eine größere Chance, ihr Überleben zu sichern. Dabei wird immer häufiger erkannt, dass Programm-Management der Schlüssel ist, mit dem Organisationen das Management dieser Transformation bewältigen können.

9.7.1 Herausforderungen

Große Veränderungen bedeuten Komplexität, Risiko, zahlreiche Wechselwirkungen und widersprüchliche Prioritäten, die alle gemeinsam betrachtet, analysiert und bewertet werden müssen. Es hat sich gezeigt, dass Organisationen mit hoher Wahrscheinlichkeit bei der Umsetzung von Änderungen scheitern, wenn:

- keine ausreichende Unterstützung des Senior Managements gewährleistet ist
- Führungskapazitäten fehlen

- die Kapazität und die Fähigkeit der Organisation zur Veränderung unrealistisch eingeschätzt werden
- die Erzielung der Vorteile nicht ausreichend im Vordergrund steht
- es keine reale Vorstellung der zukünftigen Kapazität gibt
- die Vision unzureichend definiert ist und schlecht vermittelt wird
- die Organisation nicht in der Lage ist, ihre Kultur zu verändern
- die Interessenvertreter sich nicht genug engagieren

Die Einführung eines Programm-Management-Ansatzes wie MSP bietet einer Organisation einen strukturierten Rahmen, der hilft, Stolpersteine auf dem Weg zum Ziel rechtzeitig zu erkennen und zu umgehen bzw. aus dem Weg zu räumen.

9.7.2 Zentrale Rollen

MSP legt die Funktionen und Verantwortlichkeiten aller Rollen fest, die zum Aufbau einer effektiven Programm-Leitung dazugehören. Die effiziente Führung eines Programms setzt voraus, dass die richtigen Informationen zur Entscheidungsfindung vorliegen und das dass Management-System flexibel ist.

Zu den zentralen Rollen zählen:

- die Sponsorengruppe
- ein erfahrener, verantwortungsbewusster Gesamtverantwortlicher
- ein Programm-Manager
- ein Business-Change-Manager
- ein Programm-Büro

9.7.3 Kernkonzepte

Das MSP-System basiert auf drei Kernkonzepten:

- **MSP Prinzipien:** Diese basieren auf den gemachten positiven und negativen Erfahrungen mit Programmen. Sie definieren die Faktoren, die den Erfolg von allen transformativen Veränderungen untermauern.

- **MSP Führungsthemen**: Diese bestimmen die Art, wie eine Organisation Programm-Management angeht. Sie geben einer Organisation die Möglichkeit, die richtigen Führungskräfte, „Delivery-Teams", Organisationsstrukturen und Kontrollmechanismen einzuführen und so die größten Erfolgschancen zu garantieren.

- **MSP Transformationsfluss**: Dieser bietet einen Pfad durch den gesamten Lebenszyklus eines Programms hindurch – von seiner Konzeption bis hin zur Einführung der neuen Fähigkeiten sowie zu den Ergebnissen und Vorteilen.

Hierfür wurden zwei verschiedene Schulungskonzepte entwickelt. Alle Informationen über die Schulungen und die Inhalte finden Sie auf www.serview.de.

9.8 Was ist P3O®?

P3O steht für Portfolio, Programme und Project Offices und etabliert eine Unterstützungs- und Supportstruktur für das Management jeglicher Änderungen im Rahmen des Portfolios, von Programmen und Projekten eines oder mehrerer Unternehmen.

Es werden Modelle, Funktionen, Techniken und Rollen beschrieben, mit denen die Portfolio-Entwicklung sowie Programme und Projekte in ihrer Durchführung unterstützt werden können.

Jedes Projekt sowie jedes Programm ist bezüglich des Erfolgs oft von einer guten administrativen Unterstützung abhängig. Diese zu zentralisieren und standardisierte Methoden (mit vielen praktischen Beispielen) an die Hand zu geben, ist die Aufgabe des Frameworks P3O.

Es fügt sich nahtlos in die Methoden PRINCE2, M_o_R und MSP ein.

Für P3O wurden zwei verschiedene Ausbildungsvarianten entwickelt. Alle Informationen über die Schulungen und die Inhalte finden Sie auf www.serview.de.

10

GLOSSAR

A

Abhängigkeiten (Plan)
Die Beziehungen zwischen Produkten oder Aktivitäten. So kann beispielsweise die Entwicklung von Produkt C erst in Angriff genommen werden, wenn die Produkte A und B fertiggestellt worden sind. Abhängigkeiten können intern oder extern sein. Interne Abhängigkeiten unterstehen der Kontrolle des Projektmanagers. Externe Abhängigkeiten liegen außerhalb seiner Kontrolle. Beispiel: Ein für dieses Projekt benötigtes Produkt muss von einem anderen Projekt geliefert werden.

Ablehnen (Risikobehandlung)
Eine Form der Behandlung eines Risikos, das eine Chance darstellt. Man hat sich aus ökonomischen Gründen bewusst dazu entschieden, eine Chance nicht wahrzunehmen und keine Maßnahmen zur Risikobehandlung zu ergreifen. Die Chance sollte trotzdem weiter beobachtet werden.

Abnahmeberechtiger (Produkt)
Die Person oder Gruppe (z. B. ein Lenkungsausschuss), die qualifiziert und berechtigt ist, ein (Management- oder Spezialisten-) Produkt als vollständig und für den beabsichtigten Zweck geeignet abzunehmen.

Agile Methoden
Agile Methoden sind (überwiegend) Methoden für eine flexible Softwareentwicklung, die Iterationen mit kurzen Zeitrahmen bevorzugen, in denen die Produkte schrittweise entwickelt werden. PRINCE2 ist mit den Grundsätzen agiler Prozesse kompatibel.

Aktivität
Ein Prozess, eine Funktion oder Aufgabe, die sich über einen Zeitraum erstreckt, erkennbare Ergebnisse bringt und gemanagt wird. Sie werden normalerweise als Bestandteil von Prozessen oder Plänen definiert.

Akzeptieren (Risikobehandlung)
Eine Form der Behandlung eines Risikos, das eine Bedrohung darstellt, bei der eine bewusste Entscheidung getroffen wurde, die Bedrohung bestehen zu lassen. Grund dafür ist die Erkenntnis, dass es wirtschaftlicher ist, so zu

verfahren, als eine Maßnahme zur Risikobehandlung zu ergreifen. Die Bedrohung sollte beständig beobachtet werden um sicherzustellen, dass sie akzeptabel bleibt.

Änderungsantrag
Ein Vorschlag zur Änderung einer Baseline. Gehört zum Typ "Offener Punkt".

Änderungsausschuss
Eine Person oder Personengruppe, an die der Lenkungsausschuss die Verantwortung für die Bearbeitung von Änderungsanträgen oder Spezifikationsabweichungen delegieren kann. Dem Ausschuss kann ein Änderungsbudget zugeteilt werden, das er für derartige Änderungen verwenden kann.

Änderungsbudget
Die Mittel, die dem Änderungsausschuss für die Durchführung genehmigter Änderungen zur Verfügung gestellt werden.

Änderungssteuerung
Das Verfahren, mit dem sichergestellt wird, dass alle Änderungen mit Auswirkungen auf die vereinbarten Ziele des Projekts identifiziert, analysiert und entweder genehmigt, abgelehnt oder zurückgestellt werden.

Ankündigung der Projektfreigabe
Benachrichtigung vom Lenkungsausschuss an alle Stakeholder und Projektstandorte, dass die Freigabe des Projekts erfolgt ist, und Anforderung der während der Laufzeit benötigten logistischen Unterstützung (z. B. Kommunikationseinrichtungen, Geräte und Projektunterstützung).

Ankündigung der Projektinitiierung
Benachrichtigung vom Lenkungsausschuss an alle Stakeholder und Projektstandorte, dass das Projekt initiiert wird, und Anforderung der für die Initiierungsphase benötigten logistischen Unterstützung (z. B. Kommunikationseinrichtungen, Geräte und Projektunterstützung)

Ankündigung des Projektabschlusses
Information des Lenkungsausschusses an alle Stakeholder und die Projektstandorte oder für das Projekt zuständigen Organisationen, dass die Projektressourcen aufgelöst und

unterstützende Einrichtungen wie beispielsweise Räumlichkeiten und Geräte abgebaut sowie Zutrittsrechte etc. storniert werden können. Ein Termin für die letzte Anrechnung von Kosten auf das Projekt sollte hierbei angegeben werden.

Annahme
Eine Planungsgrundlage, von der vorerst ausgegangen wird, die sich allerdings zu einem späteren Zeitpunkt noch ändern kann. Von Annahmen wird ausgegangen, wenn einige Fakten noch nicht bekannt oder beschlossen worden sind. Sie bleiben üblicherweise auf Fragen beschränkt, die von so erheblicher Bedeutung sind, dass umfassende Planänderungen erforderlich werden, wenn die Annahmen sich ändern oder als nicht zutreffend erweisen.

Anpassung
Die individuelle Verwendung von PRINCE2 in einem bestimmten Projekt, mit der sichergestellt wird, dass Planung, Steuerung, Governance sowie die Verwendung von Prozessen und Themen dem Projekt angemessen sind. (Die unternehmensweite Einführung von PRINCE2 wird dagegen als Integration bezeichnet.)

Arbeitspaket
Die für die Erstellung eines oder mehrerer Produkte notwendigen Informationen. Das Arbeitspaket enthält eine Beschreibung der durchzuführenden Arbeiten, Produktbeschreibung(en), genaue Einzelheiten aller Einschränkungen, die bei der Produktion zu beachten sind, und dokumentiert die Vereinbarung zwischen dem Projektmanager und der Person bzw. dem Teammanager, die/der für die Durchführung des Arbeitspakets zuständig ist, dass die Arbeiten innerhalb der gesetzten Einschränkungen erledigt werden können.

Auftraggeber
Eine Person, die die Gesamtverantwortung für ein Projekt hat und dafür Sorge tragen muss, dass die vorgegebenen Ziele erreicht werden und der geplante Nutzen erzielt wird. Sie hat sicherzustellen, dass das Projekt möglichst direkt auf die angestrebten Ziele zusteuert, dass die Vollmachten eindeutig festgelegt sind und

dass sowohl die anstehenden Arbeiten als auch die Risiken aktiv gemanagt werden. Sie ist außerdem Vorsitzende des Lenkungsausschusses, vertritt die Kundenseite und ist verantwortlich für den Business Case.

Aufzeichnungen
Dynamische Managementprodukte, die Informationen über den Projektfortschritt enthalten.

Auslöser
Ein Ereignis oder eine Entscheidung, das/die einen PRINCE2-Prozess anstößt.

Ausnahme
Eine Situation, in der eine Abweichung über die zwischen Projektmanager und Lenkungsausschuss (bzw. zwischen Lenkungsausschuss und Programm- bzw. Unternehmensmanagement) vereinbarten Toleranzgrenzen hinaus vorhersehbar ist.

Ausnahmebericht
Ein Bericht, der eine Ausnahmesituation, deren Auswirkungen und die sich anbietenden Alternativen beschreibt, Empfehlungen gibt und die Auswirkungen dieser Empfehlungen erläutert. Der Projektmanager erstellt diesen Bericht für den Lenkungsausschuss.

Ausnahmebewertung
Eine Beurteilung der Projektsituation durch den Lenkungsausschuss, um einen Ausnahmeplan zu genehmigen (oder abzulehnen).

Ausnahmeplan
Ein Plan, der häufig auf einen Ausnahmebericht folgt. Ist die Ausnahme auf eine Phase beschränkt, deckt der Plan den Zeitraum vom aktuellen Zeitpunkt bis zum Ende der betreffenden Phase ab. Betrifft die Ausnahme das gesamte Projekt, wird der Projektplan ausgetauscht.

Auswirkung (eines Risikos)
Das Resultat des Eintritts eines bestimmten Risikos (Bedrohung oder Chance) bzw. die Erwartung eines derartigen Resultats

B

Baseline
(ITIL) Ein Snapshot, der als Referenzpunkt verwendet

wird. Viele Snapshots werden ggf. im Laufe der Zeit erfasst, jedoch nur einige als Baseline genutzt werden. Zum Beispiel:

- Mit einer ITSM-Baseline als Ausgangspunkt können die Folgen eines Serviceverbesserungsplans gemessen werden.
- Mit einer Performance Baseline können Änderungen in der Performance während der Lebensdauer eines IT Service gemessen werden.
- Mit einer Configuration Baseline kann eine bekannte Konfiguration einer IT-Infrastruktur wiederhergestellt werden, wenn ein Change oder ein Release fehlschlägt.

Baseline-Managementprodukt
Eine Art von Managementprodukt, das bestimmte Aspekte des Projekts als Ausgangsbasis definiert und nach der Freigabe der Änderungssteuerung unterliegt.

Befugnis
Das Recht, Ressourcen zuzuteilen und Entscheidungen zu treffen (auf Projekt-, Phasen- und Teamebene).

Benutzer
Die Person bzw. Gruppe, die letztendlich ein oder mehrere Produkte des Projekts benutzt und damit arbeitet.

Benutzerabnahme
Eine spezielle Form der Abnahme durch die Person oder Gruppe, die das Produkt nach der Übergabe an die Betriebsumgebung benutzen wird.

Benutzervertreter
Die Rolle im Lenkungsausschuss, die dafür verantwortlich ist, dass die Anforderungen der Benutzer richtig spezifiziert und die Lösungen darauf abgestimmt werden.

Berichte
Managementprodukte, die eine Momentaufnahme des Status bestimmter Aspekte des Projekts liefern.

Best Management Practice (BMP)
Das Best Management Practice Portfolio ist Eigentum des Cabinet Office, welches Teil der Britischen Regierung (HM Government) ist. Zuvor war es Eigentum der CCTA und dann der OGC. Die BMP wurden im Juni 2010 an das Cabinet Office übergeben. Das BMP Portfolio umfasst Leitlinien zu IT

Service Management und Projekt, Programm, Portfolio und Value Management. Darüber hinaus gibt es ein Management Reifegrad Modell und ein zugehöriges Glossar.

Best Practice
Aktivitäten oder Prozesse, deren Einsatz in mehreren Organisationen nachweislich zum gewünschten Erfolg geführt hat. Man kann auch von einem bewährten Verfahren sprechen. PRINCE2, MoR, MSP oder ITIL sind Beispiele für Best Practice.

Betriebs- und Wartungsabnahme
Die Abnahme durch die Person oder Gruppe, die das Produkt nach der Übergabe an die Betriebsumgebung während seines Lebenszyklus unterstützen wird.

Brainstorming
Eine Technik, die ein Team bei der Ideenfindung oder Einschätzung einer spezifischen Situation unterstützt. Während der Brainstorming-Sitzung werden die gesammelten Ideen oder Schätzungen noch nicht überprüft, eine solche Überprüfung findet erst in einer späteren Phase statt. Brainstorming kann z.B. bei Planungsaktivitäten oder zur Risikoeinschätzung verwendet werden.

Business Case
Die Rechtfertigung für eine Aktivität einer Organisation (Projekt), die üblicherweise Kosten, Nutzen, Risiken und Zeitaufwand umfasst und anhand der wiederholt geprüft wird, ob das Projekt sich weiterhin lohnt.

C

Centre of Excellence
Eine Funktion des Unternehmens, die auf Portfolio-, Programm- und Projektmanagementebene Standards, konsistente Anwendung von Methoden und Prozessen, Wissensmanagement, Sicherung und Training koordiniert.

COBIT
Control OBjectives for Information and related Technology (COBIT) bietet Leitlinien und Best Practices für das Management von IT-Prozessen. COBIT wird von der ISACA in Verbindung mit dem IT Governance Institute herausgegeben.

Compliance
Sicherstellen, dass ein Standard oder Satz an Leitlinien eingehalten wird oder dass ordnungsgemäße, konsistente Nachweise oder andere Verfahren eingesetzt werden.

D

Dashboard
Eine grafische Darstellung der allgemeinen Projekt- Performance. Dashboard-Abbildungen können in Echtzeit aktualisiert und auch in Management- Berichten und Webseiten eingeschlossen werden. Dashboards können auch verwendet werden, um die Risikosituation eines Projekts, Programmes oder Portfolios grafisch darzustellen.

DSDM Atern
Atern ist ein agiles Prozessrahmenwerk für die Durchführung aller Arten von Projekten. Entwickelt wurde es vom DSDM-Konsortium, das auch der Eigentümer ist. Atern bedient sich eines in zeitliche Abschnitte gegliederten, iterativen Ansatzes der Produktentwicklung und ist mit PRINCE2 kompatibel.

E

Einschränkungen
Rahmenbedingungen oder Beschränkungen, denen das Projekt unterliegt.

Eintrittsnähe (Risiko)
Der Zeitfaktor des Risikos, d. h. wann das Risiko eintreten kann. Vom Zeitpunkt des Auftretens ist abhängig, wie schwerwiegend die Auswirkungen sein werden.

Eintrittswahrscheinlichkeit
Die bewertete Gefahr, dass eine bestimmte Bedrohung oder Chance tatsächlich eintreffen wird, einschließlich der Häufigkeit, mit der sie eintreten wird.

Empfehlung des Projektabschlusses
Information, die der Projektmanager für den Lenkungsausschuss erstellt und die der Lenkungsausschuss (wenn er über den Projektabschluss entschieden hat) als Ankündigung des Projektabschlusses versendet.

Empfehlungen für Folgeaktionen
Empfohlene Maßnahmen für die Fertigstellung unerledigter

Arbeiten, die Behandlung ausstehender offener Punkte und Risiken sowie sonstige Aktivitäten, die notwendig sind, damit ein Produkt die nächste Phase seines Lebenszyklus erreicht. Diese Empfehlungen sind sowohl im Phasenabschlussbericht (bei einer schrittweisen Übergabe) als auch im Projektabschlussbericht zusammengefasst.

Ereignisgesteuertes Steuerungsmittel
Ein Steuerungsmittel, das bei Auftreten eines bestimmten Ereignisses zum Einsatz kommt. Derartige Ereignisse sind beispielsweise das Ende einer Phase, die Vervollständigung der Projektleitdokumentation oder auch die Erstellung eines Ausnahmeberichts. Es können aber auch Termine im Betriebsablauf wie beispielsweise das Ende des Geschäftsjahres sein, die sich auf das Projekt auswirken.

Erfahrungsbericht
Ein Bericht, in dem alle Erfahrungswerte dokumentiert werden, die auch für andere Projekte nützlich sind. Dieser Bericht soll Handlungsanstöße geben, d. h. positive Erfahrungen eines Projekts sollen fester Bestandteil der Arbeitsprozesse des Unternehmens und negative Erfahrungen in zukünftigen Projekten vermieden werden.

Erfahrungsprotokoll
Ein formlose Sammlung guter und schlechter Erfahrungen, die für dieses Projekt oder für zukünftige Projekte von Nutzen sein können.

Ergebnis
Das Resultat einer Veränderung, das sich auf das Verhalten und/oder die Gegebenheiten in der Umgebung auswirkt. Ergebnisse sind das angestrebte Ziel einer Veränderung. Sie sind das Resultat der Aktivitäten, die ausgeführt wurden, um die Veränderung zu erreichen.

Ergreifen (Risikobehandlung)
Eine Form der Behandlung eines Risikos, das eine Chance darstellt. Die Chance wird ergriffen, damit das mögliche günstige Ereignis auch eintritt und die angestrebten Auswirkungen realisiert werden können.

Ersteller
Die für die Entwicklung eines Produkts zuständige Person oder Gruppe.

Eskalation
Eine Aktivität, bei der eine Information (z.B. eine Ausnahme oder ein Offener Punkt) hierarchisch oder funktional weitergegeben wird.

Eventualfall (Risikobehandlung)
Eine Form der Behandlung eines Risikos, das eine Bedrohung darstellt. In einem Eventualplan werden die Maßnahmen beschrieben, die bei Eintreten des Risikos zu ergreifen sind, um dessen Auswirkungen zu verringern.

F

Freigabe
Der Zeitpunkt, an dem die Erteilung von Befugnissen erfolgt.

G

Governance (Projekt)
Die Bereiche der Governance des Unternehmens, die konkret mit den Projektaktivitäten in Verbindung stehen. Durch eine effektive Governance des Projektmanagements ist gewährleistet, dass das Projektportfolio einer Organisation auf die von der Organisation angestrebten Ziele ausgerichtet ist, effizient durchgeführt wird und aufrecht erhalten werden kann.

Governance (Unternehmen)
Die fortlaufende Pflege eines fundierten Systems interner Kontrollen, mit deren Hilfe die Führungskräfte und sonstige Verantwortliche in einem Unternehmen sich vergewissern können, dass effektive Managementsysteme, unter anderem Systeme für die Finanzüberwachung und -kontrolle, zum Schutz der Wirtschaftsgüter, der Erträge und des Rufs der Organisation vorhanden sind.

Grenzwert
Der Wert einer bestimmten Messgröße, die einen Alarm auslösen oder Managementmaßnahmen zur Folge haben sollte.

I

Inhärentes Risiko
Die von einem bestimmten Risiko ausgehende Gefährdung, die besteht, bevor eine

Maßnahme zur Behandlung des Risikos ergriffen wird.

Initiierungsphase
Die Initiierungsphase erstreckt sich von der Freigabe der Projektinitiierung durch den Lenkungsausschuss bis zur Freigabe des Projekts (bzw. bis zu der Entscheidung, das Projekt nicht fortzuführen). Die detaillierte Planung und Realisierung der Projektmanagement-Infrastruktur innerhalb dieser Phase wird durch den Prozess "Initiieren eines Projekts" abgedeckt.

Integration (PRINCE2)
Die Schaffungen von Voraussetzungen innerhalb einer Organisation, die für den Einsatz von PRINCE2 als Projektmanagementmethode benötigt werden. Der Unterschied zu "Anpassung" liegt darin, dass Anpassung definiert, wie ein Projekt die PRINCE2-Methode auf eine bestimmte Projektumgebung abstimmt.

ITIL
Eine Reihe von Best Practice Publikationen für IT Service Management. ITIL ist Eigentum des Cabinet Office (Teil der Britischen Regierung, HM Government). ITIL liefert Leitlinien für die Bereitstellung hochwertiger IT Services und zu den Prozessen, Funktionen und anderen Fähigkeiten, die für ihre Unterstützung erforderlich sind. Das ITIL Framework basiert auf einem Servicelebenszyklus und besteht aus fünf Phasen (Service Strategy, Service Design, Service Transition, Service Operation und Continual Service Improvement). Zu jeder Phase gibt es eine eigene Publikation. Darüber hinaus gibt es eine Reihe ergänzender ITIL Publikationen, die Leitlinien zu spezifischen Branchen, Organisationstypen, Betriebsmodellen und Technologiearchitekturen bieten. Weitere Informationen dazu finden Sie unter www.itilofficialsite.com.

K

Kategorie der Risikobehandlung
Die Risikobehandlungskategorien für Bedrohungen sind Vermeiden, Reduzieren, Übertragen, Akzeptieren oder Teilen. Die Risikobehandlungskategorien für Chancen sind

Steigern, Ergreifen, Ablehnen oder Teilen.

Key Performance Indicator (KPI)
Eine Messgröße, die das Management eines IT Services, Prozesses, Plans, Projektes oder einer Aktivität unterstützen soll. Key Performance Indicator werden genutzt, um das Erreichen kritischer Erfolgsfaktoren zu messen.

Kommunikationsmanagementstrategie
Eine Beschreibung der Kommunikationsmittel und der Häufigkeit des Austauschs zwischen den Stakeholdern des Projekts.

Konfiguration
Eine allgemeine Bezeichnung für eine Gruppe von Configuration Items (Konfigurationselement), die z.B. zusammen für die Erbringung eines IT Service oder eines umfangreicheren Teils eines IT Service eingesetzt werden. In einem Projekt können die verschiedenen zu liefernden Produkte auch als CIs bezeichnet werden, deren Stamminformationen in einem Konfigurationsdatensatz dokumentiert werden.

Konfigurationsdatensatz
Eine Aufzeichnung, die den Status, die Version und die Variante eines Konfiurationselements sowie Details wichtiger Verbindungen zu anderen Konfiurationselementen beschreibt.

Konfigurationselement
Eine Einheit, die dem Konfigurationsmanagement unterliegt. Bei einer derartigen Einheit kann es sich um die Komponente eines Produkts, ein Produkt oder eine Produktgruppe eines Release handeln.

Konfigurationsmanagement
Technische und administrative Aktivitäten im Zusammenhang mit der Erstellung, Pflege und kontrollierten Änderung der Konfiguration während der Lebensdauer eines Produkts.

Konfigurationsmanagementstrategie
Eine Beschreibung, wie und von wem die Produkte eines Projekts gesteuert und geschützt werden.

Konfigurationsmanagementsystem
Die für das Management der Konfigurationsdaten eingesetz-

ten Prozesse, Werkzeuge und Datenbanken. Ein Projekt verwendet üblicherweise entweder das Konfigurationsmanagement des Kunden oder das der Lieferantenorganisation.

Konzession
Eine Spezifikationsabweichung, die der Lenkungsausschuss akzeptiert, ohne Korrekturmaßnahmen zu ergreifen.

Korrekturmaßnahmen
Maßnahmen, die bei einer drohenden Überschreitung der Toleranzen eines Plans bzw. bei einem festgestellten Mangel eines Produkts ergriffen werden.

Kosten-Nutzen-Analyse
Eine Aktivität, die Kosten und Nutzen einer oder mehrerer alternativer Möglichkeiten für den Verlauf von Aktionen analysiert und vergleicht. Die Kosten-Nutzen-Analyse sollte Bestandteil eines Business Case sein. Eine bekannte Technik ist die Return on Invest Kalkulation (ROI).

Kostentoleranz
Die zulässige Abweichung von den geplanten Kosten, die ohne sofortigen Bericht an die nächst höhere Managementebene akzeptiert werden kann. Die Kostentoleranz wird in dem betreffenden Plan dokumentiert. Siehe "Toleranz".

Kritischer Erfolgsfaktor (Critical Success Factor, CSF)
Etwas, das passieren muss, wenn ein IT Service, Prozess, Plan, Projekt oder eine andere Aktivität erfolgreich sein soll. Um das Erreichen eines CSF zu messen, werden Key Performance Indicators eingesetzt.

Kunde
Die Person bzw. Gruppe, die die Arbeiten in Auftrag gegeben hat und von den Endergebnissen profitieren wird.

Kundenqualitätserwartungen
Die in der Produktbeschreibung des Projektendprodukts enthaltene Definition der erwarteten Qualität.

L

Lieferant
Die Person bzw. die Gruppe(n), die für die Lieferung der Spezialistenprodukte des Projekts zuständig ist (sind).

Lieferantenvertreter
Die Rolle im Lenkungsausschusses, die das notwendige Know-how und Erfahrung in das Projekt einbringt, damit die geforderten Liefererergebnisse erzielt werden. Der Lieferantenvertreter vertritt im Projekt die Interessen der Lieferanten und stellt die Lieferantenressourcen zur Verfügung.

Liefergegenstand
Siehe "Output".

M

Managementphase
Der Abschnitt des Projekts, dessen Management der Projektmanager im Auftrag des Lenkungsausschusses ausführt. Das Ende einer Managementphase ist der Punkt, an dem der Lenkungsausschuss den Projektfortschritt, Projektplan, Business Case und Risiken überprüfen möchte, sowie den nächsten Phasenplan prüft, um zu entscheiden, ob das Projekt fortgeführt werden soll.

Managementprodukt
Ein Produkt, das für die Management- oder Qualitätsprozesse eines Projekts benötigt wird (beispielsweise Projektstatusberichte, Phasenabschlussberichte etc.). Die Managementprodukte bleiben bei jeder Art von Projekt konstant und können bei allen Projekten entweder wie beschrieben oder mit Projekt bedingten Anpassungen verwendet werden. Es werden drei Arten von Managementprodukten unterschieden: Baselines, Aufzeichnungen und Berichte.

Meilenstein
Ein bedeutendes Ereignis im Zeitverlauf eines Plans, beispielsweise die Fertigstellung wichtiger Arbeitspakete, der Abschluss einer technischen Phase oder einer Managementphase.

Negativer Nebeneffekt
Ein Projektergebnis, das von einer oder mehreren betroffenen Parteien als negativ betrachtet wird. Ein negativer Nebeneffekt ist die tatsächliche Konsequenz einer Aktivität, während bei Risiken per Definition eine gewisse Unsicherheit besteht, ob sie eintreten werden.

N

Nutzen
Eine messbare Verbesserung, die aus einem Projektergebnis resultiert und von einem oder mehreren Stakeholdern als Vorteil betrachtet wird.

Nutzenrevisionsplan
Ein Plan, der definiert, wie und wann gemessen werden kann, ob erwarteter Projektnutzen erreicht worden ist. Wenn das Projekt innerhalb eines Programms gemanagt wird, kann diese Information von der Programmebene bezogen werden und wird auch dort verwaltet.

Nutzentoleranz
Die zulässige Abweichung von einem erwarteten Nutzen, die keine sofortige Information der nächst höheren Managementebene erfordert. Die Nutzentoleranz ist im Business Case dokumentiert. Siehe auch "Toleranz".

O

Offener Punkt
Ein ungeplantes Ereignis, das eingetreten ist und gemanagt werden muss. Dabei kann es sich um Bedenken, Fragen, Änderungsanträge, Vorschläge oder Spezifikationsabweichungen handeln, die im Laufe eines Projekts vorgebracht werden. Offene Punkte können alle Aspekte eines Projekts betreffen.

Offener-Punkt-Bericht
Ein Bericht, der die Beschreibung, die Auswirkungsanalyse und die Empfehlungen zur Behandlung eines Änderungsantrags, einer Spezifikationsabweichung oder eines Problems/Anliegens enthält. Nur offene Punkte, die formell bearbeitet werden müssen, werden derart dokumentiert.

Output
Ein Spezialistenprodukt, das einem Benutzer übergeben wird. Managementprodukte hingegen sind keine Outputs, sondern dienen ausschließlich dem Management des Projekts.

P

Phase
Siehe "Managementphase" oder "Technische Phase".

Phasenabschlussbericht
Ein Bericht, den der Projekt-

manager am Ende jeder Phase des Projekts an den Lenkungsausschuss übergibt. Er enthält Informationen darüber, wie gut die Ziele der Phase erreicht wurden, und den Status des Projekts am Ende der Phase.

Phasenabschlussbewertung
Überprüfung des Phasenabschlussberichts durch den Lenkungsausschuss und den Projektmanager, die dann entscheiden, ob der nächste Phasenplan genehmigt wird. Je nach Umfang und Brisanz des Projekts kann es sich hierbei um einen mehr oder weniger formellen oder formlosen Review handeln. Die Freigabe der Phase sollte formell dokumentiert werden.

Phasenplan
Grundlage für das Management des Tagesgeschäfts in einer Phase durch den Projektmanager.

Plan
Eine ausgearbeitete Einteilung eines Vorhaben, die zeigt, was, wann, wie, und von wem erreicht werden soll. In PRINCE2 gibt es folgende Arten von Plänen: Projektplan, Phasenplan, Teamplan, Ausnahmeplan und Nutzenrevisionsplan.

Planmäßiger Abschluss
Die PRINCE2-Aktivität für den Abschluss eines Projekts.

Planungshorizont
Der Zeitraum, für den eine genaue Planung möglich ist.

Portfolio
Alle von einer einzelnen Organisation, einer Gruppe von Organisationen oder einer Organisationseinheit durchgeführten Programme und Einzelprojekte.

PRINCE2
Eine Methode, die ausgewählte Bereiche des Projektmanagements unterstützt. Die Abkürzung steht für "PRojects in a Controlled Environment".

PRINCE2-Grundprinzip
Die Grundsätze, deren Beachtung für gutes Projektmanagement eine unerlässliche Voraussetzung ist und die die Grundlage für alle mit PRINCE2 gemanagten Projekten sind.

PRINCE2-Projekt
Ein Projekt, das nach den Grundprinzipien von PRINCE2 abgewickelt wird.

Problem/Anliegen
Bestimmter Typ eines offenen Punkts (kein Änderungsantrag, keine Spezifikationsabweichung), dessen Lösung oder Eskalation Aufgabe des Projektmanagers ist.

Produkt
Ein materieller oder immaterieller Input oder Output, der im Vorfeld eines Projekts beschrieben, dann erstellt und getestet werden kann. In PRINCE2 gibt es zwei Arten von Produkten: Managementprodukte und Spezialistenprodukte.

Produktabnahme
Die formelle Bestätigung, dass ein Produkt fertiggestellt ist und die in der Produktbeschreibung definierten Anforderungen (bis auf eventuelle Konzessionen) erfüllt.

Produktbasierte Planung
Eine Technik zur Erstellung eines umfassenden Plans, die auf der Erstellung und Lieferung von benötigten Outputs basiert. Dieser Planungsansatz orientiert sich an den benötigten Produkten, den Qualitätsanforderungen und den Abhängigkeiten der Produkte untereinander.

Produktbeschreibung
Erläutert den Zweck, die Zusammensetzung und die Ableitung eines Produkts sowie dessen Qualitätskriterien. Erstellt wird diese Beschreibung während der Planung, sobald festgestellt worden ist, dass ein bestimmtes Produkt benötigt wird.

Produktbeschreibung des Projektendprodukts
Eine besondere Form einer Produktbeschreibung, die die Zustimmung des Benutzers zum Umfang des Projekts und den Anforderungen einholt sowie die Qualitätserwartungen des Kunden und die Abnahmekriterien für das Projekt definiert.

Produktcheckliste
Eine Liste der wichtigsten Produkte eines Projektplans mit den wichtigsten Lieferterminen.

Produktflussdiagramm
Ein Diagramm, in dem die Reihenfolge der Produktionsschritte sowie die Abhängigkeiten zwischen den in einem

Produktstrukturplan aufgelisteten Produkten erkennbar sind.

Produktstatusauskunft
Ein Bericht über den Status von Produkten. Die aufgeführten Produkte können wahlweise mit ihrer Kennziffer eingegeben oder anhand des Projektabschnitts identifiziert werden, in dem sie entwickelt wurden.

Produktstrukturplan
Hierarchische Darstellung aller Produkte, die im Rahmen eines Plans zu erstellen sind.

Programm
Eine flexible Organisationsstruktur, die für einen befristeten Zeitraum zur Koordination, Leitung und Kontrolle der Implementierung mehrerer zusammengehöriger Projekte und Aktivitäten eingerichtet wird und die Aufgabe hat, Ergebnisse und Nutzen zu erzielen, die die strategischen Ziele des Unternehmens unterstützen. Ein Programm erstreckt sich üblicherweise über mehrere Jahre.

Projekt
Eine für einen befristeten Zeitraum geschaffene Organisation, die den Auftrag hat, ein oder mehr Produkte entsprechend einem vereinbarten Business Case zu liefern.

Projektabnahme
Die formelle Bestätigung, dass das Projekt die vereinbarten Abnahmekriterien des Projekts und damit auch die Anforderungen der betroffenen Parteien erfüllt.

Projektabnahmekriterien
Eine priorisierte Liste von Kriterien, die das Projektendprodukt erfüllen muss, damit es vom Kunden abgenommen wird, d. h. messbare Definitionen der Attribute, die die Produktgruppe aufweisen muss, um von den wichtigsten Stakeholdern akzeptiert zu werden.

Projektabschlussbericht
Ein Bericht, den der Projektmanager für den Lenkungsausschuss erstellt. Darin wird die Übergabe aller Produkte bestätigt, der Business Case aktualisiert und durch Vergleich mit den Vorgaben in der ursprünglichen Projektleitdokumentation bewertet, wie

gut das Projekt durchgeführt worden ist.

Projektbeschreibung
Ausführliche Darstellung des Zwecks, des Kosten- und des Zeitaufwands sowie der Leistungsanforderungen und Einschränkungen eines Projekts. Die Beschreibung wird im Vorfeld des Projekts bei Vorbereiten eines Projekts erstellt und liefert bei Initiieren eines Projekts die Vorlage für die Projektleitdokumentation und deren Bestandteile. Sie wird durch die Projektleitdokumentation ersetzt und während des Projekts nicht fortgeführt.

Projektbüro
Ein für einen befristeten Zeitraum geschaffenes Büro, das eine als Projekt organisierte Initiative unterstützt. Wenn dieses Büro eingerichtet wird, übernimmt es die Verantwortlichkeiten der Projektunterstützungsrolle.

Projektendprodukt
Was das Projekt im Endeffekt liefern muss, um abgenommen zu werden.

Projektlebenszyklus
Der Zeitraum von der Vorbereitung des Projekts bis zur Abnahme des Projektendprodukts.

Projektleitdokumentation
Eine Zusammenstellung aller Dokumente mit wesentlichen Informationen über das Projekt, die damit eine gesicherte Grundlage für den Projektstart bietet und diese Informationen allen am Projekt Beteiligten zukommen lässt.

Projektlösungsansatz
Eine Beschreibung der Art und Weise, wie ein Projekt angegangen werden soll. Zum Beispiel: Entwickeln wir ein Produkt von Grund auf neu oder kaufen wir ein bereits vorhandenes Produkt.

Projektmanagement
Die Planung, Delegierung, Überwachung und Steuerung aller Aspekte eines Projekts. Dazu gehören die Motivation der Beteiligten, die Projektziele zu erreichen, und zwar innerhalb der Zielvorgaben für Kosten, Zeit, Qualität, Umfang, Nutzen und Risiko.

Projektmanagementteam
Deckt die gesamte Hierarchie des Projektmanagements ab,

einschließlich Lenkungsausschuss, Projektmanager, alle Teammanager sowie alle Rollen in Projektsicherung und Projektunterstützung.

Projektmanager
Die Person, der die Verantwortung für das Tagesgeschäft des Projekts übertragen wurde, mit der Maßgabe, die benötigten Produkte innerhalb der mit dem Lenkungsausschuss vereinbarten Rahmenbedingungen zu liefern.

Projektmandat
Ein externes Produkt, das von der Autorität bereitgestellt wird, die das Projekt ins Leben gerufen hat. Das Projektmandat ist der Auslöser für die Vorbereitung eines Projekts.

Projektplan
Ein Plan, der einen groben Überblick über die wichtigsten Produkte des Projekts mit Lieferterminen und Kosten enthält. Die erste Fassung des Projektplans ist Bestandteil der Projektleitdokumentation, wird allerdings im Verlauf des Projekts wiederholt aktualisiert. Der Lenkungsausschuss benötigt den Projektplan, um feststellen zu können, ob die erzielten Fortschritte den Erwartungen entsprechen.

Projektsicherung
Aufgabe des Lenkungsausschusses, der sicherstellen muss, dass das Projekt ordnungsgemäß durchgeführt wird. Die einzelnen Mitglieder des Lenkungsausschusses haben bestimmte Sicherungsverantwortlichkeiten. So ist der Auftraggeber beispielsweise verantwortlich für die Unternehmenssicherung, der (die) Benutzervertreter für die Projektsicherung auf der Benutzerseite und der (die) Lieferantenvertreter für die Projektsicherung auf der Lieferantenseite.

Projektstandort
Ein Standort, an dem Projektarbeiten durchgeführt werden (z. B. ein Büro oder eine Baustelle).

Projektstatusbericht
Bericht, in dem der Projektmanager den Lenkungsausschuss in festgelegten regelmäßigen Abständen über die in einer Phase erzielten Fortschritte unterrichtet.

Projekttagebuch
Dient der Aufzeichnung von Problemen oder Anliegen, die der Projektmanager formlos bearbeiten kann.

Projektunterstützung
Die Projektunterstützung ist eine administrative Funktion innerhalb des Projektmanagementteams. Sie kann in Form von Rat und Hilfe beim Umgang mit den Projektmanagement-Tools, Begleitung, administrativer Betreuung wie Archivierung und Erfassung effektiver Daten erbracht werden.

Protokolle
Formlos vom Projektmanager gesammelte Informationen, deren Format und Zusammensetzung nicht mit dem Lenkungsausschuss abgestimmt werden muss. Die zwei Protokolle in PRINCE2 sind: das Projekttagebuch und das Erfahrungsprotokoll.

Prozess
Eine strukturierte Folge von Aktivitäten, die auf die Erreichung eines bestimmten Ziels gerichtet ist. In einem Prozess wird ein definierter Input in einen definierten Output umgewandelt.

Prüfer
Eine vom Ersteller unabhängige Person oder Gruppe, die beurteilt, ob das Produkt die in der zugehörigen Produktbeschreibung aufgeführten Anforderungen erfüllt.

Puffer
Eingeplante Reserven, um Termin- und Kostenabweichungen oder Risiken abfangen zu können. In PRINCE2 finden separate Sicherheitsreserven keinen Einsatz, denn Abweichungen vom geschätzten Aufwand werden durch Definition von Toleranzen abgefangen und Risiken durch eine entsprechende Behandlung gemanagt (unter anderem wird ein Eventualplan für den Fall erstellt, dass ein Risiko wirklich eintritt).

Q

Qualität
Die Gesamtheit der Leistungsmerkmale und inhärenten oder zugewiesenen Eigenschaften eines Produkts, einer Person, eines Prozesses, einer Dienstleistung und/oder eines

Systems, die bestimmen, ob sie in der Lage sind, gestellte Anforderungen, Erwartungen oder Spezifikationen zu erfüllen.

Qualitätsdokumentation
Dokumentation, die nachweist, dass die notwendigen Qualitätssicherungs- und Qualitätssteuerungsmaßnahmen durchgeführt wurden.

Qualitätsinspektion
Die systematische und strukturierte Beurteilung eines Produkts, die von zwei oder mehr sorgsam ausgewählten Personen (Prüfungsteam) geplant, dokumentiert und organisiert wird.

Qualitätskriterien
Eine Beschreibung der Qualitätsanforderungen, die das Produkt erfüllen muss und der Qualitätsmessungen, die bei der Überprüfung des fertigen Produkts angewendet werden.

Qualitätsmanagement
Die koordinierten Aktivitäten für die Lenkung und Steuerung der Qualität in einer Organisation.

Qualitätsmanagementstrategie
Eine Strategie, die die zu verwendenden Qualitätstechniken und -standards definiert und die Zuständigkeiten für die Erreichung des geforderten Qualitätsniveaus bei der Durchführung des Projekts festlegt.

Qualitätsmanagementsystem
Das komplette System von Qualitätsstandards, Verfahren und Verantwortlichkeiten für einen Standort oder eine Organisation. Im Kontext eines Projekts sind "Standorte" und "Organisationen" die permanente(n) bzw. semipermanente(n) Organisation(en), die die Projektarbeit unterstützt(en) und finanziert (finanzieren). Es handelt sich demnach um „externe" Einheiten, die nicht Bestandteil der temporären Projektorganisation sind. So kann ein Programm beispielsweise als semipermanente Organisation und Träger von Projekten betrachtet werden und als solche über ein dokumentiertes Qualitätsmanagementsystem verfügen.

Qualitätsprüfung
Siehe „Qualitätsinspektion".

Qualitätsprüfungstechnik
Eine Technik zur Kontrolle der Qualität mit definierten Rollen und einem strukturierten Ablauf. Mit dieser Technik wird festgestellt, ob ein Produkt, das in Form eines Dokuments (oder in ähnlicher Form, beispielsweise als Präsentation) vorliegt, vollständig ist, bestimmte Standards einhält und die in der zugehörigen Produktbeschreibung vereinbarten Qualitätskriterien erfüllt. Durchgeführt wird die Qualitätsprüfung von Personen,die über die notwendige Fachkompetenz zur Beurteilung der Eignung für den Verwendungszweck verfügen.

Qualitätsregister
Ein Register, das eine Zusammenfassung aller geplanten und abgeschlossenen Qualitätsaktivitäten enthält. Der Projektmanager und die Projektsicherung benutzen das Qualitätsregister zur Überprüfung der erzielten Fortschritte.

Qualitätssicherung
Der Prozess der Überwachung spezifischer Projektergebnisse, um festzustellen, ob sie die entsprechenden Standards erfüllen, um die Ursachen für unzureichende Leistung zu beseitigen.

Qualitätssteuerung
Unabhängige Überprüfung, ob Produkte den Anforderungen entsprechen oder ihren Zweck erfüllen können.

Qualitätstoleranz
Für jedes Qualitätskriterium eines Produkts sollten Qualitätstoleranzen in Form eines Bereichs akzeptabler Werte definiert werden. Die Qualitätstoleranz wird sowohl in der Produktbeschreibung des Projektendprodukts (Toleranz auf Projektebene) als auch in der Produktbeschreibung für jedes einzelne zu liefernde Produkt dokumentiert.

R

Reduzieren (Risikobehandlung)
Behandlung eines Risikos, indem proaktive Maßnahmen ergriffen werden, um durch Ausübung einer gewissen Steuerung die Wahrscheinlichkeit zu verringern, dass das

Ereignis eintritt, und/oder die Auswirkungen des Ereignisses zu verringern, falls es eintreten sollte.

Register
Formelle Listen, die vom Projektmanager verwaltet werden und deren Format, Zusammensetzung und Verwendung mit dem Lenkungsausschuss vereinbart werden muss. PRINCE2 hat drei Register: Register offener Punkte, Risikoregister, Qualitätsregister.

Register offener Punkte
Im Register offener Punkte werden alle formell bearbeiteten offenen Punkte erfasst und gepflegt. Der Projektmanager sollte dieses Register regelmäßig kontrollieren.

Release
Eine Gruppe zusammengehöriger Produkte, die als Einheit übergeben werden. Die Inhalte eines Release werden als Einheit gemanagt, getestet und implementiert. Siehe auch "Übergabe".

Restrisiko
Das nach Ergreifung einer Gegenmaßnahme verbleibende Risiko.

Risiko
Ein Ereignis bzw. eine Gruppe von Ereignissen, deren Eintreten ungewiss ist, aber deren Eintreten Auswirkungen auf die Erreichung der Ziele haben wird. Gemessen wird ein Risiko anhand der Kombination folgender Faktoren: Wahrscheinlichkeit, dass die erkannte Bedrohung oder Chance eintritt, und Ausmaß der Auswirkungen auf die Ziele.

Risikobearbeiter
Die Person, die für eine Risikomaßnahme verantwortlich ist. Es kann sein, dass der Risikoeigentümer Maßnahmen zur Risikobehandlung nicht direkt kontrollieren kann. In solchen Situationen sollte eine Person als Verantwortliche für die jeweilige Maßnahmen zur Risikobehandlung ernannt werden. Sie hält den Risikoeigentümer über die Situation auf dem Laufenden.

Risikobehandlung
Maßnahmen, die ergriffen werden können, um die Gefährdung durch ein Risiko auf ein für die Organisation akzeptables Niveau zu bringen. Diese Maßnahmen sind

bestimmten Kategorien der Risikobehandlung zugeordnet.

Risikobereitschaft
Die Bereitschaft einer Organisation, Risiken einzugehen. Diese Einstellung wiederum bestimmt, welches Ausmaß an Risiken als akzeptabel betrachtet wird.

Risikobeurteilung
Der Prozess der Analyse, welche Auswirkungen für eine Aktivität unter dem Strich zu erwarten sind, wenn Bedrohungen und Chancen gegeneinander abgewogen werden.

Risikoeigentümer
Eine namentlich benannte Person, die für das Management, die Überwachung und die Kontrolle aller Aspekte eines bestimmten Risikos verantwortlich ist, unter anderem für die Ergreifung von Maßnahmen zur Eindämmung von Gefahren oder zur Maximierung von Chancen.

Risikoeinschätzung
Die Einschätzung der Wahrscheinlichkeit und der Auswirkung eines Risikos unter Berücksichtigung anzuwendender Standards, Risikogrenzen, Abhängigkeiten und anderer relevanter Faktoren.

Risikomanagement
Die systematische Anwendung von Grundsätzen, Ansätzen und Prozessen zur Identifikation und Bewertung von Risiken sowie die anschließende Planung und Umsetzung von Maßnahmen zur Risikobehandlung.

Risikomanagementstrategie
Eine Strategie, die die Ziele des Risikomanagements, das anzuwendende Verfahren, die Rollen und Zuständigkeiten, die Risikotoleranzen, die Terminierung der Eingriffe zur Behandlung von Risiken, die notwendigen Werkzeuge und Techniken sowie die Berichtsanforderungen beschreibt.

Risikoprofil
Eine Beschreibung der Risiken, die eine Organisation zu erwarten hat, und des Grades der Gefährdung durch diese Risiken.

Risikoregister
Eine Aufzeichnung aller Risiken einer Initiative mit Angabe des

Status und der bisherigen Entwicklung.

Risikotoleranz
Die Grenzwerte der Risikobelastung, die bei Überschreitung die Erstellung eines Ausnahmeberichts auslösen, damit der Lenkungsausschuss informiert wird. Grenzwerte können beispielsweise für die Gesamtheit der Risiken eines Plans (z. B. die Gesamtkosten aller Gefährdungen dürfen nicht mehr als 10 % des geplanten Budgets ausmachen) oder auch für eine bestimmte Bedrohung (z. B. jegliche Risiken, die sich auf den praktischen Gebrauch beziehen) definiert werden. Die Risikotoleranz wird in der Risikomanagementstrategie dokumentiert.

Risikotoleranzgrenze
Eine Linie im Gesamtrisikoprofil. Oberhalb dieser Linie liegende Risiken können nicht einfach akzeptiert werden, ohne dass eine höhere Managementstufe informiert wird. In einem Projekt würde der Projektmanager diese Risiken an den Lenkungsausschuss melden.

Rollenbeschreibung
Beschreibt die Verantwortlichkeiten einer bestimmten Rolle.

T

Teammanager
Die Person, die die Erstellung der durch den Projektmanager (im Arbeitspaket) zugewiesenen Produkte in einer angemessenen Qualität und innerhalb eines für den Lenkungsausschuss akzeptablen Zeit- und Kostenrahmens verantwortet. Diese Rolle berichtet an den Projektmanager und nimmt Weisungen von diesem entgegen. Wenn kein Teammanager ernannt wird, übernimmt der Projektmanager die Aufgaben dieser Rolle.

Teamplan
Ein Plan, der optional erstellt werden kann, um bei der Ausführung von Arbeitspaketen die Arbeit des (der) Teams zu steuern.

Teamstatusbericht
Ein Bericht über die anlässlich einer Teamstatuskontrolle festgestellten Fortschritte eines Teams. Wird dem Projektmanager übergeben und muss

sich an das im Arbeitspaket vorgeschriebene Berichtsformat halten.

Teamstatuskontrolle
Eine in bestimmten Abständen durchgeführte Überprüfung der von einem Team erzielten Fortschritte.

Technische Phase
Die Einteilung anfallender Arbeiten nach verwendeten Techniken oder erstellten Produkten. Technische Phasen decken Elemente wie beispielsweise Entwurf, Entwicklung und Implementierung ab. Technische Phasen sind keine Managementphasen.

Teilen (Risikobehandlung)
Eine Form der Behandlung eines Risikos, das eine Bedrohung oder Chance darstellt, durch Risikoverteilung nach dem "Gain-Pain-Sharing-Modell": Beide Parteien teilen sich den Gewinn (innerhalb vorab vereinbarter Grenzen), wenn die Kosten niedriger sind als geplant; und sie teilen sich den Verlust (ebenfalls innerhalb vorab vereinbarter Grenzen), wenn die Kosten höher sind als geplant.

Thema
Ein Wissensgebiet des Projektmanagements, das in einem Projekt kontinuierlich beachtet und auf eine bestimmte Weise angewendet werden muss, damit die PRINCE2-Prozesse wirkungsvoll eingesetzt werden können.

Toleranz
Die zulässige Abweichung von den Zeit- und Kostenvorgaben eines Plans, die ohne sofortige Eskalation an die nächst höhere Managementebene akzeptiert werden kann. Es können auch Toleranzen für Qualität, Umfang, Nutzen und Risiko definiert werden. Toleranzen kommen auf Projekt-, Phasen- und Teamebene zur Anwendung.

Tranche
Ein Begriff aus dem Programmmanagement. Bezeichnet eine Gruppe von Projekten, die in fest vorgegebenen Schritten bestimmte Fähigkeiten und bestimmten Nutzen anstreben.

U

Übergabe
Die Übertragung einer Gruppe von Produkten an den (die) betreffenden Benutzer. Diese Produktgruppe wird als Release bezeichnet. Während der Laufzeit eines Projekts kann es mehrere Übergaben als Teil einer schrittweisen Auslieferung geben. Die endgültige Übergabe findet dann im Prozess Abschließen eines Projekts statt.

Übertragen (Risikobehandlung)
Mögliche Form der Behandlung einer Bedrohung, bei der eine dritte Partei einen Teil der Verantwortung für die finanziellen Auswirkungen der Bedrohung übernimmt. (Beispielsweise in Form einer Versicherungspolice oder bestimmter Klauseln in einem Vertrag.)

Umfang
Der Umfang eines Plans ist die Gesamtsumme seiner Produkte und der hierfür zu erfüllenden Anforderungen. Er ergibt sich aus dem jeweiligen Produktstrukturplan und den zugehörigen Produktbeschreibungen.

Umfangtoleranz
Die zulässige Abweichung vom Umfang eines Plans, die keine Eskalation an die nächst höhere Managementstufe notwendig macht. Diese Toleranz wird in einem Plan in Form eines Hinweises oder Verweises auf den zugehörigen Produktstrukturplan dokumentiert. Siehe „Toleranz".

Unternehmens- bzw. Programmstandards
Übergeordnete Standards, die das Projekt einhalten muss. Diese beeinflussen die vier Projektstrategien (Kommunikationsmanagementstrategie, Konfigurationsmanagementstrategie, Qualitätsmanagementstrategie und Risikomanagementstrategie) und die Projektsteuerungsmittel.

V

Variante
Eine Variante eines baselined Produkts. So kann es für ein Benutzerhandbuch beispielsweise eine Variante in englischer und eine Variante in spanischer Sprache geben.

Verantwortliche Instanz
Die Person oder Gruppe, die das

Projekt in Auftrag gibt (üblicherweise das Unternehmens- oder Programmmanagement) und befugt ist, im Namen der beauftragenden Organisation Ressourcen und Mittel bereitzustellen.

Verfahren
Eine Folge von Maßnahmen, die einen bestimmten Aspekt des Projektmanagements abdeckt und eigens für das Projekt aufgestellt wurde (z. B. ein Risikomanagementverfahren).

Vergleichswerte (Baseline)
Bezugswerte, anhand derer eine Einheit überwacht und kontrolliert wird.

Vermeiden (Risikobehandlung)
Eine Form der Behandlung eines Risikos, das eine Bedrohung darstellt, die sicherstellt, dass die Bedrohung keine Auswirkungen mehr haben kann oder nicht mehr besteht.

Version
Eine bestimmte Baseline eines Produkts. Versionen werden üblicherweise nach bestimmten Namenskonventionen gekennzeichnet, die die Versionsabfolge bzw. das Datum der Baseline erkennen lassen. So folgt beispielsweise nach Projektplan Version 1 der Projektplan Version 2 als neue Baseline.

Voraussetzungen (Plan)
Was vorhanden sein und während der Dauer des Plans verfügbar bleiben muss, damit der Plan erfolgreich ist.

Vorbereitung
Die im Vorfeld eines Projekts vom Auftraggeber und dem Projektmanager durchgeführten Aktivitäten zur Erstellung des Entwurfs des Business Case, der Projektbeschreibung und des Initiierungsphasenplans.

Vorzeitiger Abschluss
Die in PRINCE2 notwendigen Aktivitäten für die Beendigung eines Projekts vor dem geplanten Abschluss. Der Projektmanager muss sicherstellen, dass laufende Arbeiten nicht einfach abgebrochen werden, sondern alle bereits geschaffenen Werte erhalten bleiben und durch die Projektstornierung entstandene Lücken dem Unternehmens- oder Programmmanagement gemeldet werden.

W

Wasserfallmodell
Ein linear und sequentiell aufgebauter Ansatz der Softwareentwicklung, der für jede Entwicklungsphase bestimmte Ziele vorgibt. Sobald eine Entwicklungsphase beendet ist, werden die Ergebnisse an die jeweils nächste Phase übergeben. An keiner Stelle erfolgt ein Rückgriff auf frühere Phasen (analog dazu, dass Wasser einen Berg hinunter, aber nicht wieder herauf fließen kann).

Z

Zeitgesteuertes Steuerungsmittel
Steuerungsmittel, die der nächst höheren Managementebene in regelmäßigen Abständen für die Überwachung des Fortschritts zur Verfügung gestellt werden z. B. ein 14-tägig vorzulegender Bericht. In PRINCE2 werden zwei zeitgesteuerte Statusberichte erstellt: Der Teamstatusbericht und der Projektstatusbericht.

Zeitplan
Grafische Darstellung eines Plans (beispielsweise in Form eines Gantt-Chart), üblicherweise mit der Abfolge der durchzuführenden Aufgaben und zugeteilten Ressourcen. In einem PRINCE2-Projekt sollten die Projektaktivitäten nur in den Zeitplänen für Projekt-, Phasen- oder Teampläne dokumentiert werden. Maßnahmen, die im Tagesgeschäft angeordnet werden, können in dem jeweiligen Projektprotokoll (d. h. Risikoregister, Projekttagebuch, Register offener Punkte, Qualitätsregister) dokumentiert werden, sofern sie nicht mit einem größeren Aufwand verbunden sind.

Zeittoleranz
Die zulässige Abweichung von den Zeitangaben eines Plans, die ohne Eskalation an die nächst höhere Managementebene akzeptiert werden kann. Die Zeittoleranz wird in dem zugehörigen Plan dokumentiert. Siehe auch „Toleranz".

Zielvorgaben
Die Vorgaben eines Plans hinsichtlich Zeit, Kosten, Qualität, Umfang, Nutzen und Risiko.

11

LITERATUR-VERZEICHNIS

11. Literaturverzeichnis

Service Strategy 2011 Edition
ISBN-No. 9780113313044

Service Design 2011 Edition
ISBN-No. 9780113313051

Service Transition 2011 Edition
ISBN-No. 9780113313068

Service Operation 2011 Edition
ISBN-No. 9780113313075

Continual Service Improvement 2011 Edition
ISBN-No.9780113313082

Frameworks für das IT Management
ISBN-No. 9789077212905

PRINCE2 - Erfolgreiche Projekte managen mit PRINCE2
ISBN-No. 9780113312146

ISO/IEC 20000 - Eine Einführung
ISBN-No. 9789087532888

Management of Risk: Guidance for Practitioners
ISBN-No. 9780113312740

IT Governance basierend auf COBIT
ISBN-No. 9789077212417

Managing Successful Programmes 2011 Edition
ISBN-No. 9780113313273

12

INTERESSANTE WEBLINKS

12. Interessante Weblinks

SERVIEW GmbH
www.serview.de

SERVIEW bei Facebook
www.facebook.com/SERVIEW

SERVIEW bei XING
www.xing.com/companies/serview-vorsprungerleben

SERVIEW Best Management Practice Kongress
www.bmpk.de

SERVIEW CERTIFIEDTOOL
www.serview.de

AXELOS Limited
www.axelos.com

PEOPLECERT
www.peoplecert.org

13

WICHTIGE ORGANISATIONEN

AXELOS
www.axelos.com

AXELOS ist ein Joint Venture zwischen dem Cabinet office (eine Behörde der britischen Regierung) und dem Unternehmen Capita plc. AXELOS betreibt das Best Management Portofolio inkl. PRINCE2® und ITIL®.

PEOPLECERT
www.peoplecert.org

PEOPLECERT ist einer der führenden Zertifizierungsanbieter, vertreten in 135 Ländern. Das PEOPLECERT Portfolio umfasst die Best Practice Frameworks wie u. a. ITIL, PRINCE2, MSP, M_o_R, P3M3, P3O, MoP und MOV. In Zusammenarbeit mit einem globalen Netzwerk von führenden Bildungseinrichtungen bietet PEOPLECERT ihre preisgekrönte Online-proctoring Services.

SERVIEW CERTIFIEDTOOL
www.serview.de

SERVIEW CERTIFIEDTOOL ist das weltweite Gütesiegel für alle Best Management Practice Softwarelösung. Mit der Auszeichnung demonstrieren Hersteller, dass ihre Lösung das Etablieren von Business IT Alignment unterstützt.

SERVIEW
www.serview.de

SERVIEW ist die unabhängige Managementberatung die außergewöhnliche Persönlichkeiten anzieht, begeistert und weiterentwickelt. Für diese Menschen und Organisationen erbringt SERVIEW Consulting- und Trainingsdienstleistungen zum Aufbau passgenauer Kompetenzen. Die nationalen und internationalen Klienten schätzen gleichermaßen die Marktführerschaft und Expertise, sowie das Streben nach echten Partnerschaften.